[英] 海伦·拜纳姆 & 威廉姆·拜纳姆　著

戴　琪　译

植物发现之旅

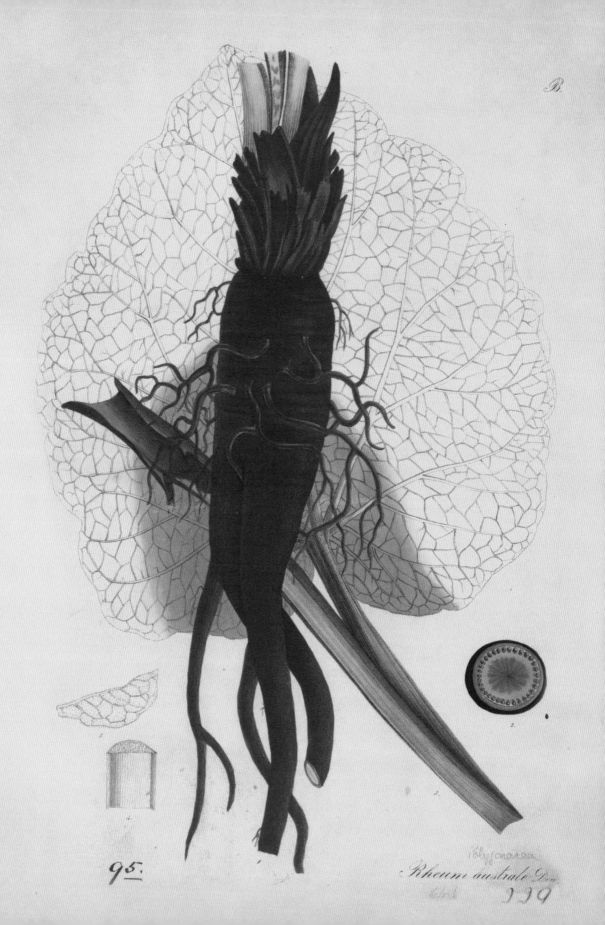

95.

Polygonaceae

Rheum australe Don

999

[英] 海伦·拜纳姆 & 威廉姆·拜纳姆　著

戴　琪　译

植物发现之旅

中国摄影出版社

China Photographic Publishing House

目 录

引 言

功用与外观

《植物发现之旅》一书意在颂扬为地球带来无限生机的植物世界中的各种植物的功用、外观、多样性，以及其独特的魅力。近千年来，我们依靠植物解决衣食住行和医疗的需求。人类的祖先居无定所，就像其他四处觅食的动物一样，接受大自然的馈赠。上一个冰期之后，我们与某些植物的关系变得更加紧密，我们对其培养的方式和自身的定居习惯均由此进入了一个新纪元。现如今，虽然我们都享受着现代化工业所带来的便捷，但我们对植物的需求仍十分迫切。植物是所有食物链的基础，不论我们的科学技术如何发展，这点始终无法改变。而在城市化进程日益加快的今天，植物作为城市绿肺和城市居民心灵抚慰剂的功效变得更加突出。未经开垦的天然土地寥若晨星，其珍贵性也不言而喻。

将植物的功用与外观结合的现代理念有其深远的历史根源。这反映出人类长期以来与植物之间的相处方式的变化，即从简单地欣赏植物的实用价值到感受植物对自身情绪的影响和对感观的刺激作用。植物在文化发展和帝国统治中也起到了重要的作用，它们或被神话或被膜拜。它们的形状、颜色和气味激发了人们的占有欲，有些甚至演变成一种痴迷，人们对郁金香、玫瑰和兰花的感情正是如此。其他一些植物作为调味品，将食物提升到一种更高的境界，即从简单的果腹功效上升至令人精神愉悦的纯粹的味觉享受。植物精油和树脂松香成为香皂香水的原料，植物中的某些化学成分被证实具有显著的医疗效果或有可能干扰人体内正常的化学平衡。

这个绿色王国是如此不可思议。植物吸收太阳光，在细胞内利用水和二氧化碳进行化学反应，合成糖分并释放氧气，这个反应过程被称为光合作用。植物为何可以进行如此神奇的反应？在历史长河的某一点，一个单细胞有机体与另一个含氰基的微生物进行了结合，该微生物可进行光合作用，并在新宿主的影响下变成了叶绿体，制造出化学分子——叶绿素，促进了光合作用的发生。叶绿素是一种绿色的色素，因此植物的颜色大部分都是绿色系的。

在长期的地质年代里，植物进化形成的不同形式证明了它们在这个瞬息万变的地球上的主动地位。现如今，它们被认为是改变大气层和地表的有效

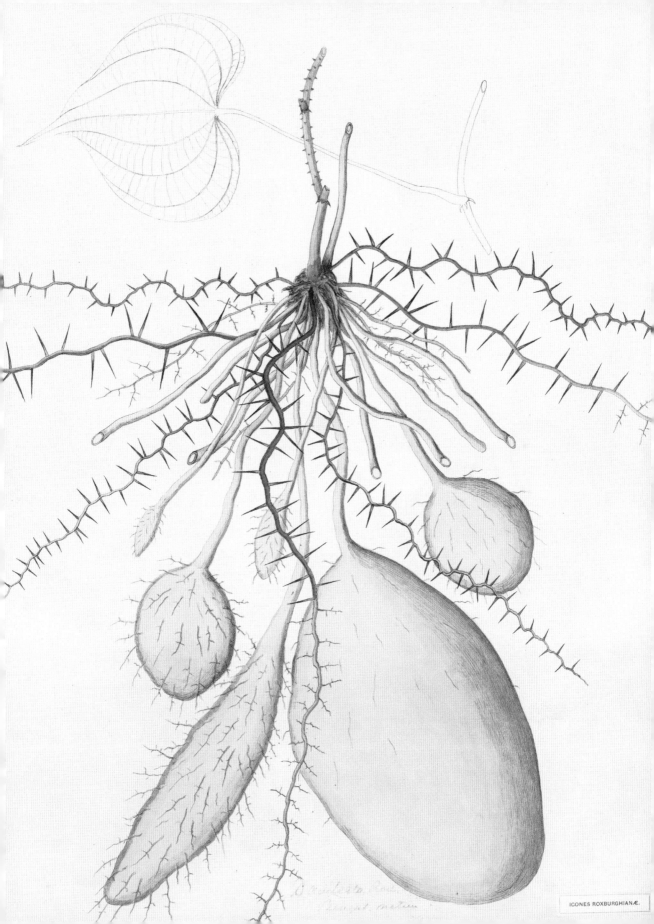

左上图: 茶叶在采摘后会经过加工、干燥和分装,最后从产地运往其他各地。在运输过程中,茶叶包外将包裹一层竹子作为保护,这些茶叶包同时也可作为货币或礼物。

右上图: 创造出的一种新景观:茂物植物园中的澳大利亚白色橡胶树(白桉)种植园,印度尼西亚爪哇岛,1894 年。

因素之一。通过形成和再生地球上的淡水和矿物,植物使地球成为更加适合人类生存的家园。大约290,000,000年前,有性生殖的优势凸显,一些植物开始繁殖种子。到140,000,000年前,第一个开花植物(被子植物)开始进化。这之后的一小段地质年代里(60,000,000年到70,000,000年后),植物的形态和产地开始出现分化并进化成现在开花植物的样子。

开花植物的色彩丰富,为曾经单一的绿色植物带增添了几抹亮色。当然,这种进化不仅仅是为了人类的视觉享受,因为早在人们表现出对开花植物的强烈兴趣之前,它们便已经开始借助其他有机体传播花粉,通过异花授粉进行繁殖进化。当我们认为植物逃过了各种可能灭绝的时期时,如恐龙大灭绝和哺乳动物出现,世界上的植物种类及分布已经经历了一次巨大的变化。当65,000,000年前,各大陆板块不断冲击挤压大致形成现在的位置,温度不断上升下降形成一系列的冰期时,草地成为进化战争中的胜者,而森林则一败涂地,这个时候,旱地植物异军突起。

在上一个冰期结束,也就是12,000年前,这些胜者成为我们宝贵的遗产。此书关注于地球上这个多变的植物世界,它们见证了人类从狩猎采集时代到农耕时代的转变。人类是如何利用这些植物的?人类与植物世界存在着

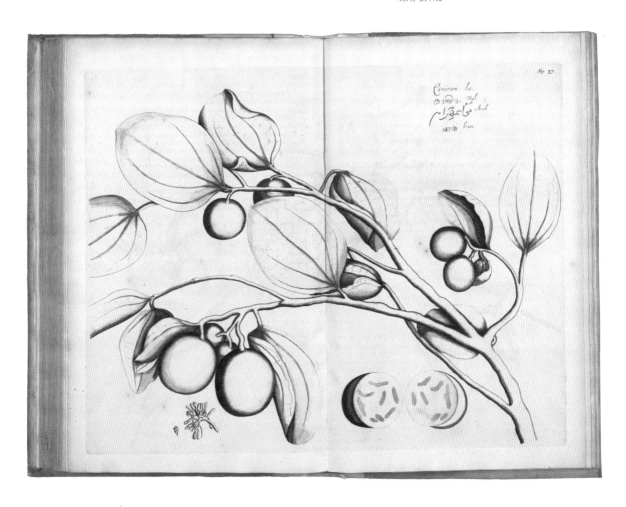

怎样的关系？人类与植物是如何相互影响的？尽管本书中的每一种植物都有明确的种类划分，但它们都可称为是植物世界的奇迹，有多种多样的功效，可以被归类到本书的不同章节中。

　　本书的第一章"改变生活的植物"关注于那些生长在世界各地，促进人类进入定居生活习惯的植物，如小麦、玉米、水稻等。在"味觉享受"一章，本书研究一类使人们的饮食更加丰富多彩的植物。这类植物包括最基本的实用类植物，如葱属作物（即葱、韭、蒜等蔬菜），丰富的调味料类植物，如香味和藏红花调料。"治愈与伤害"一章告诫我们植物中的一些有效成分本身存在着一种和谐的平衡。根据不同的用量，其可成为救命稻草或致命毒药。这些特别的植物及其产物展现了治愈体系的广度和现代药典的重要植物学基础。"科技与力量"一章描写了植物是如何协助我们创造物质世界的。在我们使用的所有坚固的人造产品中，不论是实用型产品抑或是观赏类产品，都可以找到植物的身影。这些产品包括船只、房屋、服饰、家具，甚

亚洲马钱子树已结果的树枝。该图引自《马拉巴尔的花园》（*Garden of Malabar*，1678—1693），该书的作者为亨德里克•万•雷哈德（Hendrik van Rheede）。马钱子在印度式草药疗法中具有悠久的历史。

至是武器。

正如"经济作物"一章中所提到的，特定植物的产物，如茶叶、咖啡、棕榈树油或橡胶等，均具有全球性需求。大量土地被改造用于种植此类经济作物。就像此类植物自身改变了其周围环境一样，其产物也改变了人们种植、购买、贸易、销售以及消费的模式。与此同时，它们也成为全球市场机遇的有效创造者。"观赏植物"一章所涉及的植物均具有覆盖面积大且特征显著的特点，如加利福尼亚茂盛的红杉林、澳大利亚的桉树和热带海岸线边的耐盐红树林等。这些植物不论是在历史上还是在现在，均起到了重要的作用。对于一些植物来说，现如今作为一种外来物种，它们起到了或积极或消极的作用。

"敬畏与崇拜"和"大自然的奇迹"这两章颂扬了植物世界的崇高与神奇，因为每当提到植物世界时，我们想到的往往只是其功用。这类植物同时塑造了我们的历史和历史的书面（视觉）记录。枣耶树和莲花芽就出现在了亚洲西南和西部的石像画中。药用植物必然需要有其标识图片，而这些图片也达到了艺术作品的高度。兰花、郁金香和玫瑰的视觉美感十分强烈，启示所有艺术家们，尽管文化背景不相同，应该将大自然中这种易逝的瞬间变成永恒。因此，本书大量使用了植物的图像来展示其历史、人类的历史，以及其本身所具有的宏伟壮丽之美。

顶图： J.J. 格兰威尔的作品《郁金香》，选自其代表作《花样女人》（*Les fleurs animées*，1847）。图中女人身上长袍的设计忠实于自然事实：郁金香在受到细菌感染后花瓣上也呈现出条纹的图案。

上图： 皮埃尔·约瑟夫·巴克霍兹（Pierre-Joseph Buc'hoz），1731—1807 年画的向日葵。此人由医生改行为植物学家，其艺术作品的灵感来自中国和日本的技法。

对页图： 18 世纪末 19 世纪初巴苦竹（*Bambusa balcooa*）的水彩画。巴苦竹的树枝坚挺，可生长至30 米（100 英尺）的高度。因此，在印度东北部、尼泊尔以及孟加拉国，巴苦竹都是制作脚手架和梯子的良好材料。

No.1162 (Bambos) Balcoa Roxb

改变生活的植物

定居及耕种

　　自上个冰期结束,天气转暖以来,人类逐渐从狩猎采集蔬果的生活方式转变为耕作的生活方式。这种过渡可以称得上是人类历史上一个伟大的转变。这是一个旷日持久的却并非必然的改变轨迹。相比于我们觅食的祖先,早期的农民摄取的营养并不均衡,且常常受到疾病的困扰。他们因为有意或无意地接触同伴或动物而感染疾病。我们现在的文化也正是从耕作中所蕴藏的永恒的哲理进化而来的。

　　除了澳大利亚大陆,耕作这种生活方式在所有原住民的生活中流传下来。在亚洲、欧洲、美洲以及大洋洲,不同的地区有不同的耕作方式,因此其主要农作物的种类也有所不同,大致可分为谷物类、豆类、薯类等。这也验证了"靠山吃山,靠水吃水"的古话。扁豆、土豆、甘薯、面包果以及其他农作物,组成了世界各地饮食的基础。种植技术和各种作物的种子也在各地间传播。其他的植物,如水果、蔬菜、草药,也被移植到种植园内。人们作为狩猎者或采集者时强有力的形象也被运用在艺术和手工艺品中,表明了一种定居的生活方式。贮藏、加工和烹饪等方式也为极具实用性的物质文化提供了新的动力。那些被认为可以保佑作物成长、粮食丰收的神灵受到人们的祭拜与敬畏。人类的生活奏响了新的华章。

　　农民的农耕行为逐渐改变了地貌,他们理清耕地,使其更适合种植农作物和放牧家畜。最重要的是,他们也改变了他们赖以生存的植物。在不停地

VITIS VINIFERA *cariolas*
Uvatico di Firenze

耕作下，这些植物变得更适合培育种植，因此，与它们的祖先相比，它们已经从根本上发生了改变。

以谷类植物为例，考古学发现我们在有意识地去种植小麦、水稻、玉米之前，便已经在收集它们的野生种子。在有目的的培育过程中，农民挑选出了那些经过偶然变异，更加符合人们需求的植物。最有效的一种方式就是切下小麦或水稻的茎，茎上需带有完整的穗，然后进行打谷，并将打落在地上的谷子收集起来。相比于野生植物，培育种植的植物有一个优势，即不同的基因漂移导致种子均在相同的环境因素下发芽，如春雨和温暖的阳光。谷类植物种植者在种植时会对种子进行筛选。那些气味浓郁、颗粒饱满、茎秆粗壮、能够更好地支撑新生果实的谷类植物的种子是种植者的首选。

看起来普普通通的主要农作物——谷类、豆类、根茎类，其实在全世界范围内改变了我们的种族。希腊地区的主要食物除了小麦之外，还有水果、橄榄油、肉类和葡萄汁，这些食物的出现使希腊食物网中蛋白质和淀粉的含量增加。这些食物使我们想起早期的农耕活动已具有一定的技术，并提供了丰富的食材。这些证据都表明了农民对土地的奉献及其长远的使命感，农耕活动也就这样延续了下来。

左上图：菠萝蜜（*Artocarpus heterophyllus*）是大洋洲的面包果的近亲。菠萝蜜的原产地被认为位于印度的西高止山脉，它常被用作蔬菜或水果甚至是米饭的替代品。它是次大陆，特别是穷人重要的食用来源。它也因为在热带地区大量使用而受到关注。

右上图：佛罗伦萨的阿利蒂科葡萄（*Vitis vinifera*）。阿利蒂科葡萄被认为是一种特殊的变种，具有至少700年的历史。生长于厄尔巴岛的葡萄被用于制作类麝香葡萄酒的甜点酒。拿破仑·波拿巴在其流放时就热衷于此酒。

小麦、大麦、兵豆、豌豆

Triticum spp., *Hordeum vulgare*, *Lens culinaris*, *Pisum sativum*

肥沃月湾（古代农业地区）的主要食物

上图：约翰·瑞（John Rea）1665年出版的书籍《完整的花谱》（*A Complete Florilege*）中的卷首插画，图中的三位人物分别是弗罗拉（花之神）、刻瑞斯（谷物之神）与波摩娜（果树之神）。约翰·瑞于1667年去世，他曾是一位园丁与造园师，以他种植的郁金香而闻名。

对页图：1879年出版的《班纳利收藏集》（*Album Benary*）中的荷兰豆。直到16世纪，经脱水干燥处理的红豌豆一直都是穷人的主要食物，而新鲜的田园蔬菜则被认为是奢侈品，在路易十四的宫廷里，食用新鲜的田园蔬菜也称得上是一种时尚。罐头加工和冷冻技术的出现使这些蔬菜变得无所不在。

> 克瑞斯，最丰饶的女神，你那繁荣着小麦、大麦、黑麦、燕麦、野豆、豌豆的膏田。
>
> ——威廉·莎士比亚（William Shakespeare），《暴风雨》（*The Tempest*），
>
> 第四幕，第一场

在西南亚新石器革命时期，小麦、大麦，以及兵豆、豌豆都可以称得上是谷类和豆类中的精英。它们同时也是十分重要的食物，因为它们，11,500年前的人们才能慢慢适应全新世初期不断变化的气候和种植地形。我们借鉴祖先的经验，在形势所限或需求求生的时候，极尽所能依赖一小部分主要农作物生活，而不是去创造一个稳定的农业经济。

这些最重要的主要农作物（其他的主要农作物包括现在仍有重要地位的鹰嘴豆和亚麻，以及已被遗忘的苦野豌豆）的野生物种有助于其在得到正式培养之前在该地区存活下来。游牧民族和半游牧民族在公元前23,000年便开始采集、研磨并烘焙野生的小麦与大麦种子。采集之后便是一段长期的培养前种植阶段（即约公元前14,500至公元前10,600年）。在此期间，人们也开始捕猎小型动物。完整的培养农作物系谱图在公元前10,600至公元前8800年出现。

在历史上不存在这样一个特殊的光辉时间，即节俭的农民在先前的收获中挑选最好的种子种植，而后迅速改变了生活方式或植物。相反，那时候独立种植户的数量较多，许多野生物种被重新引进，人们之间也在不断进行经验交流和培养植物的交换，在这之后，耕种才被认为是有价值的。如果有另一种适合的生活方式，人们会放弃耕种进而转向现代游牧生活，利用动物来加工植物纤维素，使其融入牛奶与肉中，或者人们将迁徙到另一个新的地方。

促使美索不达米亚、埃及和黎凡特（即肥沃月湾）等地区农业、城市文明新兴的诱因有两个，一是计划性耕种的储存潜力，二是计划性耕种中所产生的盈余。在这种情况下，文明也就意味着摒弃小规模狩猎采集生活方式中的平等主义价值观，转而接受大城市中有明确的穷富社会等级区分的生活方式，这种大城市的定义是居民人数达好几万。群居生活需要管理、官僚制度

Ernst Benary, Erfurt.

左上图: 斯佩耳特小麦(左)和波兰小麦(右)的麦粒中都含有大量的矿物质和维生素。作为一种专业级谷物,它们再次受到青睐。虽然斯佩耳特小麦需要经过额外的加工处理去除外皮,波兰小麦需要粉碎使用,但和普通小麦相比,它们有更大的产油量、更高的产量以及优良的抗病性。

右上图: 圆锥小麦是一种古老的免脱粒品种。尽管它的原产地不详,但在大概10,000年前左右就开始在西南亚被人们种植。

和技能技术,比如书面语言的发展。与此同时,人们花大量时间利用手推磨研磨谷物,而这种劳动获得的成果要远大于他们付出的体力。我们仍对这些艺术和技术上的成就及纪念性建筑物感到惊奇,这些成果的取得都依赖于所获得的粮食。而且我们认真阅读食谱书的残本(公元前1,700年的泥板)或壁画,以期能从中找到一些线索,了解那时候美索不达米亚人或埃及人的饮食习惯。

我们都相信通过耕种来创造丰富的谷物是必然发生的。与生活有密切关系的植物有小麦,特别要提到的是由小麦做成的面包和意大利面。人们早期种植的小麦有两个品种:单粒小麦(*T.monococcum*)和二粒小麦(*T.dicoccum*)。这两个品种表明古代的种植者有机会种植大穗植物,这种植物谷粒饱满并紧贴茎秆。而且在收获季节后,人们对小麦的需求很大。植物的大小很重要,但植物变异产生的叶轴(连接谷物与穗的部分)的作用更为重要,因为叶轴使谷穗在成熟后变得不易碎。在打谷时,无壳谷物比有壳谷物更受欢迎，因为有壳谷物还需要被倒进钵体以去除外壳。无壳谷物包括粮食小麦（*T. aestivum*）和硬质小麦（*T. durum*），硬质小麦一般用于制作意大利面。小麦是混杂的天然杂交体。有3,000,000年历史的小麦属植物（*Triticum*）经过偶然变异形成了一个复杂的基因组，我们人类从中获益，尽管其中一些植物的年代并不久远。粮食小麦在两次杂交后于8,000年前出现。第二次杂交的母体为野生山羊麦（*Aegilops*）与培育的二粒小麦。

大麦大量用于酿造和制作面包。就像同一时间进行培育的单粒小麦与二粒小麦，饱满的六棱大麦于公元前8,000年早期殖民时期出现。在西南亚的早

兵豆是一种冷季植物，这种繁殖力强的一年生植物可以抵抗一定程度的干旱。这种被称为"蔬菜中的鱼子酱"的普伊兵豆来自法国上卢瓦尔，享受原产地名称保护制度的保护，它的名字指明了品种和产地，因为是一种古老而低调的豆类而受到欢迎。

一株大麦的麦穗完美地展示了其长长的麦芒——一种从谷物的外壳向外长出的硬毛。麦芒可以进行光合作用，并提供种子发育所需的碳水化合物。

期经济中，大麦的重要性远高于小麦。大麦更加坚硬，而且能更好地适应寒冷和潮湿的天气。这很大程度上归功于培育后期的一次突变，使得大麦能抵抗白粉病。一系列寒冷的天气影响了大麦培育地区的生活，但在此恶劣天气过去后，大麦的顺应力得以遗传。曾经在雨养山坡、河边湖畔生长的小范围庄稼地通过逐渐发展，广泛分布于谷底地域，最终形成了适于耕种的地势。小麦仍保持自身的优势，由小麦制作成的面包口感更好，口味更佳。在生活条件较好的时期，大麦被认为是穷人的食物和饮品。

谷类同样可以用于制作面包与酿造啤酒，与此同时，谷类也和豆类一起，成为浓汤的原材料。兵豆与豌豆的野生原种可能曾是粮田的草本入侵者，但是它们更像是为它们所占领的土地增添了益处，如它们所带有的氨基酸，特别是兵豆中所含有的赖氨酸，为主要的谷物增添了碳水化合物。距今11,000年至9,000年，在土耳其东南部和叙利亚北部的兵豆产地，种子得到了保留，有关种子冬眠期的要求也消失了。另一个改进的地方是植物开始能够向上生长，而不是贴着地面蔓延生长。更大的种子也在随后出现。培育的豌豆（约公元前8,000年）的种子变得更大，不仅摈弃了它们又厚又粗糙的种子外壳，而且在发芽前不需要经过曾经必需的冬眠期，因此它们的口感更佳。

就像种子与思想随着贸易与帝国扩张路线传播一样，在肥沃月湾培育的农作物也被传播到东西方。新鲜的豌豆需要经过脱水干燥处理，以保证一年四季都能获得并食用。与兵豆相比，豌豆能够适应更加严酷的环境，因此它们被传播到欧洲。豌豆汤是经典食谱中的一个重要部分。德国人与罗马人有他们自己制作豌豆汤的方法，他们根据自身的口味与预算，在汤里加入香肠与香料。但是罗马帝国势力的巩固最主要归功于小麦面包。位于奥斯蒂亚港口（意大利中部城镇）最大的帝国谷仓装满了来自西西里岛、北非和埃及的谷物，需要专用舰队和海军将其运回国。另一个新的适宜兵豆与豌豆生长的地方为印度次大陆。当素食主义者在此生活后，兵豆与豌豆中蛋白质的价值便显现出来了。

小麦种植有助于新石器革命的开启，并将地球上许多平原地区的草地和森林转变为可耕种的土地。在20世纪五六十年代，小麦与水稻一同成为绿色革命的中心。一次偶然的变异——对植物激素赤霉素产生新的反应——产生出了拥有更大的种穗的半矮秆品种。该品种在雨天和大风天不易倒伏而且能够更好地适应肥料，增加最高5倍的粮食产量。它们的确是改变生活的植物！

水稻、小米、大豆、鹰嘴豆

Oryza sativa, Setaria italica and *Panicum miliaceum,*

Glycine max, Vigna spp.

亚洲的"黄金"

你吃饭了吗?

——泰式打招呼方式

对页图: 大豆的豆粒、多毛的藤蔓和豆荚。此图下方标注的名称 *Dolichos soja* 是根据林奈分类法命名的。在豆荚仍是绿色时就采摘的豆子还未成熟,可以作为日本青豆(日本)或毛豆(中国)被食用。

汹涌的洪水迫使中国人到山上避难,当他们重新回到家园时,发现他们种植的植物都被洪水冲走了,因此,食物变得非常紧缺。当他们受生活所迫无计可施时,一条小狗给他们带来了希望。这条小狗的尾巴上黏着一簇长长的黄色的种子,于是,人们就播种了这些种子,丰收后获得的庄稼解决了人们的温饱问题。这个神话仅仅只是众多中国神话中的一个,意在表达对在充满雨季的亚洲地区成长的水稻的尊敬。

现如今,世界上一半的人口都以水稻为主食,而在历史上,与其他农作物相比,水稻则养活了更多的人口。水稻中的大部分是家庭培养的亚洲水稻(*Oryza sativa*)。与亚洲水稻相比,西非水稻(*O. glaberrima*)供养的人口数量要少得多,但是西非水稻激发了植物种植者寻找新型杂交水稻的欲望。在亚洲的主要农作物中,谷子、高粱更适应中国北方较为寒冷、干旱的气候,而亲水的水稻则更适宜种植在南方。不论是哪种农作物,它们均能提供谷类,这些谷类可以当作饲料,也可以像野生植物一样进行培育,最后发展成家庭种植的植物。作为能够酿造的食物与植物,水稻能够掌控并最终统一亚洲人的口味。

在亚洲新兴农业的许多种植模式中,主要培育淀粉和植物蛋白质丰富的植物的种植模式已经被淘汰。在中国、东南亚以及东亚,大豆及其一系列发酵产物与水稻一样,成为主要的粮食支柱。在印度河谷冲积平原,肥沃月湾的植物有助于支持丰富的哈拉帕文化。在更南边,这些西南亚的农作物的影响并不那么明显。在印度南德干新石器时代,食物种类各异,有小而绿的鹰嘴豆或绿豆(*Vigna radiata*)、黑鹰嘴豆或印度黑豆(*V. mungo*)、马嘴豆(*Macrotyloma uniflorum*)及种子幼小的小米(多枝臂形草:*Brachiaria ramo-sa*;倒刺狗尾草:*Setaria ver-ticillata*)。随后,恒河平原的水稻成为主要农作物。绿豆现在是这些食物中最普遍的:或研磨成粉末作为印度薄饼的原料,

DOLICHOS SOJA L.
Die Soja.

Oriza, Paddy, or Rice — Oriza Sativa, Hexandria Digynia.

这幅画有水稻的圆锥花序和谷穗的图片是珍妮特·赫顿夫人（Mrs Janet Hutton）于1817年绘制或收藏的，当时她与她的丈夫托马斯·赫顿（Thomas Hutton，东印度公司商人）生活在加尔各答。

或加入到南印度的薄烤饼中，或在更东边的亚洲饮食中，发成绿豆芽后被人们加入到食物中。

在家庭种植的水稻系列中，有两个最重要的种类，它们是粳米与籼稻。长度较短、有黏性的是粳米，它的谷粒在煮后会黏在一块，如果要用筷子从碗里盛出米饭，这种类型的水稻更加合适。而长度较长、较干的籼稻则缺少此优势。随着冰川逐渐消融，温暖的天气与雨水来临，一系列天然的原始水稻从南边的冰川地区扩张到中国南部、南亚和东南亚的热带及亚热带地区。多年生普通野生稻是家庭种植水稻的野生原种。在6,000年前，家庭种植并未完全形成时，人们便收集并种植这种普通野生稻。经过培育之后的一年生水稻产量更高（特别是在漫灌的时候），而且收获时长长的茎秆上的谷粒也更加饱满。在肥沃月湾的植物经历过多次大范围的培育过程。在各种农作物被带到一起并进行杂交前，不同地区会选择不同特征的水稻，而且这种杂交包括与各种野生物种的杂交。

在长江流域中下游，典型的水稻稻田的生产（如约公元前4,200年至公元前3,800年）有所发展，逐渐向自然的条件靠近，并形成了一种最适宜的人工种植环境。种植水稻是劳动密集型工作，但是水稻稻田的成功转型使水稻产量不断增加，促使人口暴涨。稻田被改良成四周是坝，中间下陷的坑状，来防止水土的流失。水稻种子被播种在苗床上，再人工转移到水田里。为了

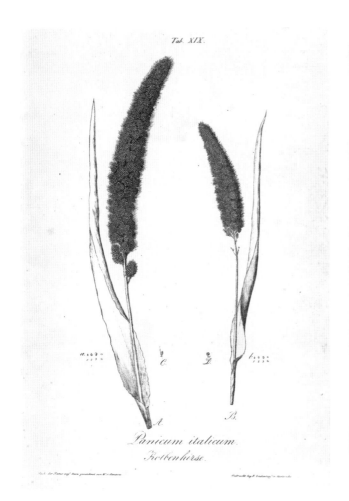

小米: 左侧为狐尾草（Setaria italica, 原称 Panicum italicum），右侧为高粱（Panicum miliaceum）。小米谷粒较小，不同品种归属于不同的属。虽然它们并不是近亲品种，但其生长需求却是相似的。在美国，传统的扫帚通常由另一种植物制成，就是我们通常所说的高粱（Sorghum vulgare）。

减轻这种辛苦的劳动，人们利用水牛进行耕种。但在世界上的很多地方，水稻种植的情况并没有什么大的改变。人们引进了一种产于湄公河三角洲的早熟水稻，使得水稻种植从梯田扩张到斜坡上，同时低地的水稻可以进行重复种植。

最初家庭种植的中心是水稻与稻田的结合地，后来逐渐成为铁器时代以来亚洲种植产业最重要的地区。对于水稻的原厂地是否在南亚这个问题，一直以来都很有争议。或许存在另外一个水稻原种——一年生尼伐拉稻（Oryza nivara），这个品种在恒河平原种植，却没有发展成为家庭培育的品种。这类籼稻随之与即将进入家庭种植的粳米进行杂交。饱受赞誉的印度香米一度被认为是籼稻的变种，而其独特的香味则是来源于其祖先粳米。

小米具有重要的地位，特别是在那些其他谷物不易生长的地方。小米可被研磨成粉，其中含有丰富的蛋白质和维生素B。但即使是在小米收成最好的时候，它的产量也无法与其他谷物相比。最初收集并种植小米的地方大致

位于黄河（黄河上游）流域，但是在经历了一段特别的干旱期后（公元前10,800年至公元前10,000年），小麦种植者也许从南方迁移到了大地湾地区。这里和黄河更东边的地区种植的小米种类为黍（*Panicum miliaceum*）和粟（*Setaria italica*），这两种小米的种子更饱满且产量更高，因此即使它们并没有在城市里种植，但仍逐渐形成了稳定的、成熟的种植文化。当小米被广泛传播之后，小米农业与在南方缓慢扩大的水稻农业一并成为最有成效的农业。当小麦被引进之后，它与上述两种小米及水稻、大豆一同被称为"五谷"——中国的五种谷物。

大豆的祖先为野生大豆，普遍生长于亚洲东北部。大豆的早期种植者为日本人与生活在黄河流域的中国人。他们面临的问题是如何将倾斜的藤蔓改良成直立的，并且能使它的豆荚结出饱满的种子。进行人工培育之后，大豆保持了它的产量优势，即使是在贫瘠的土地上也能够顽强生长。从周朝开始（公元前1046年至公元前256年），人们种植并储存豆类，并将它们当作一种应急粮食，以应对其他粮食颗粒无收的情况。即便如此，豆类在初期并未受到太多赞誉。这与发酵类产品（如大豆、酱料、面团、调料）和豆腐的使用量形成了鲜明的对比。发酵的大豆（特别是黄豆）的风味和营养价值均有所提高，因为发酵时会加入维生素而且能破坏一些危险的毒素，这些毒素能抑制蛋白质的消化和铁元素与锌元素的摄取。

大豆产品，在中国汉朝时期（公元前206年至公元220年）便已有发展，成为韩国、日本和印度尼西亚的地方美食。大豆产品无处不在，而且在那些肉类昂贵或禁食肉类的地方，大豆产品具有很高的价值。尽管如此，此类产品仍具有明显的地域风味，这与各地区在制作产品时所使用的特别的微生物有关。有些地区没有吃芝士与腌肉的传统，因此，发酵大豆制品就成了一种有效的替代品。大豆先在美国大规模种植，主要用来饲养动物，但这在美国引起了有关土地使用与转基因作物的思考。在其他方面呢？跟玉米一样，大豆已被自然而然地使用并制作成高度加工的产品，它们正悄悄地改变着我们的饮食。

对页图：绿豆或黑豆，它们现在为不同的两个品种，《印度的粮食谷物》（*Food-grains of India*，1886）一书中使用的这张图片中包括了两种豆，并统称为黑绿豆（*Phaseolus mungo*）。作者称它们为"全球栽培的植物"、"受到高度的尊重"、"治疗疾病的良药"。

玉米、菜豆、南瓜

Zea mays, *Phaseolus* spp., *Cucurbita pepo*

美洲"三姐妹"

上图: 1712—1714 年期间,阿梅代·弗莱德〔Amédée Frézier〕曾沿着智利和秘鲁的海岸线旅行并调查当地住民的特性和社会构成。在这里,他记录了传统的磨玉米方法的一手资料。

对页图: 红花菜豆〔*Phaseolus multiflorus* 或 *P. coccineus*〕是中美洲豆类品种之一,它在哥伦布发现新大陆后被带到欧洲。最初它们因有令人惊叹的红色花朵,而作为一种观赏植物被人们所种植,并因同样的原因被种植于北美洲的花园里。随后又产生了白色和双色的品种。

现代玉米可以说是人类基因技术第一个,而且或许是最伟大的一个功绩。

——尼娜·V. 费多罗夫〔Nina V. Fedoroff〕,2003 年

玉米、豆子及南瓜并称为美洲农业的"三姐妹"。这三种植物总是被种在一起,这种种植技术被称为"三元系"或"栽培地"。"栽培地"是纳瓦特尔语"在现场"的意思。栽培地种植有许多优势:玉米,不仅仅能给人类提供食物,组成营养饮食的基础,同时也能为攀附生长的豆子提供支持。贴着玉米茎秆生长的豆子也会为玉米增加其本身所不具备的日粮蛋白质(以蛋白质的基本单位氨基酸的形式提供)。玉米的根同时也为土壤增加了氮。在玉米底下生长的南瓜形成了一片绿色的海洋,能够保持水分与土壤肥力,并且能够抑制杂草的生长。与此同时,南瓜也是碳水化合物的绝佳来源。

英文单词"maize"来自"mahiz",对阿拉瓦克的泰诺族人来说,它的意思是"给予生命的"。在哥伦布第一次航海时,泰诺族人在加勒比群岛第一次见到玉米。玉米的另一种说法"corn"则是来自德语"korn"。玉米不仅仅塑造了美洲古老的文化,同时也是许多宗教典礼的重要特征,另外,玉米也是创世神话中唯一出现的植物。中美洲的玛雅人认为上帝用玉米面团创造了人类。该地区的西班牙统治者对于土著人用玉米面包与啤酒代替圣餐中的食物感到不自在。阿兹特克人有他们自己关于玉米的神灵,而玛雅就是玉米之神。

遗传分析表明,玉米的野生祖先为墨西哥类蜀黍。在墨西哥的西部与南部,这种植物现在仍能在自然条件下生长。墨西哥类蜀黍只能结少量果实,而且其果实实际上并不能被人类所消化,但是它的茎秆有甜味,因此人们收集其茎秆,吮吸其汁水或用其进行发酵。该地区于6,250年前开始种植墨西哥类蜀黍,当偶发突变产生了更大的、更易于收集的谷穗时,这些谷穗便被挑选出来当作食物,一些种子也被用于继续种植以保留其优势。玉米的一个主要优势是它可以很好地进行脱水保存,以便日后使用。

玉米粒可煮粥,或研磨成粉后制成面团,作为玉米粉蒸肉的原材料,之后,它也成为我们熟知的墨西哥卷饼的原材料。这些食物是墨西哥的主要食

F. Guimpel fec.

Phaseolus multiflorus.

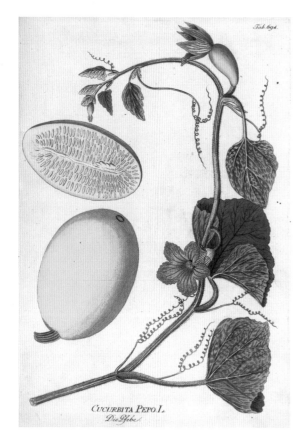

左上图: 西葫芦的果实、花、叶子和盘曲缠绕的藤。这种植物的雄花（下方）能产生花粉，雌花（上方）可以产生种子。它的花因为其微甜的花蜜味道深受人们的喜欢，可以做馅或油炸食用。

右上图: 南瓜的人工种植丰富了南瓜的多样性，产生了很多不同的颜色和形状，不同的品种拥有不同的名字，如"主教的皇冠"、"选民的帽子"、"土耳其人的头巾"、"害群之马"、"安哥拉"和"长颈"。

物。玉米生长在碎石上，而且用来煎墨西哥玉米卷饼的平底锅也曾在考古遗址中被发现。收获之后的食品加工过程则是由女性负责，她们需要将玉米粒从玉米穗轴上摘下然后研磨成粉末。大约在公元前1,500年，有人发现了碱化湿磨法，即将玉米粒浸在含有石灰的水中。碱石灰使玉米粒更加容易加工，使玉米粉中的维生素、烟酸更容易吸收，同时也有助于预防玉蜀黍疹（一种因缺乏维生素B而引起的疾病）。

培育的玉米从其原产地墨西哥传播到世界各地，南至印加，东北至美洲原住民区。印加统治者垄断了玉米生产与分销，并奖励那些为玉米产业和同样重要的玉米酒——吉开酒生产提供劳动力的工人。

所有的玉米种植者均发现如果单独种植玉米，土壤很快就会变得贫瘠。玛雅人采用的一种解决办法是利用刀耕火种法定期开发新的土地，让已贫瘠的土地休耕几年。但是一种在玉米周围种植黄豆的创新方法使得土壤的肥力能维持更长的时间。与其他豆科植物一样，豆类有助于土壤固氮，因为它们根部的结节中生存着许多固氮菌。作为"三姐妹"中第二个成员的菜豆（*Phaseolus vulgaris*）有许多品种，不同品种的形状、大小与颜色各异，包括扁豆、黑豆、芸豆及黑白斑豆。菜豆同样也遍布美洲，但与玉米不同的是，菜豆不止一次地被独立进行种植，如在墨西哥、秘鲁，或许还有其他地方。

在石窟，人们发现了约11,000年前的野生菜豆，但育种的历史则短得多。菜豆也用于炖汤，以增加饮食中的蛋白质含量。就像玉米一样，菜豆也可以进行脱水干燥处理，且易于保存。

"三姐妹"中的最后一个成员是瓜类蔬菜。瓜类蔬菜的用处在很早之前就已被美洲人发掘。事实上，葫芦（*Lagenaria siceraria*）这种拥有持久的坚硬外壳但不可食用的植物是由早期移民带到新世界的，这些早期移民通过白令陆桥从亚洲迁移至美洲。西葫芦（*Cucurbita pepo*）和南瓜的外壳经干燥处理后可以当作容器。与南瓜属中的葫芦不同，葫芦科植物的原产地是美洲而不是亚洲。有证据表明公元前10,800年，墨西哥石窟中种植着南瓜，这个证据

玉米成熟的穗。玉米是具有历史性的"栽培地"种植方法中的三大作物之一，也是主要的动物饲料，且以不同的形式普遍存在于食物和饮料的加工过程中。因而玉米已经成为工业化食物生产链的基础。

也证明了南瓜的种植历史比玉米更长。最早期的南瓜果肉较苦且风味不佳，但它们的种子既可以直接食用，也可以炒制后食用。之后种植的南瓜品种，它们的果肉可以和黄豆、玉米一起炖汤，或直接烘烤。种植的另一种美洲植物——辣椒叶常常被当作炖汤的调料。

"美洲三姐妹"均能适应各类气候条件和土壤状况，因此这种种植体系从中美洲传播开来，遍及美洲大陆。大约在公元900年时，生活在密西西比河谷的人们开始大规模种植玉米。早期的英国殖民者从马萨诸塞州的美国原住民那里学习到这种种植体系，并很快意识到这种新世界谷物及其同类植物的价值。在马萨诸塞州，这种种植体系的历史可以从公元1,000年开始算起。事实上，尽管"栽培地"种植体系需要人力手工将这三种植物合理地种植在一起，但这种种植体系至今仍在使用。

玉米、菜豆及南瓜随后各自传播到世界各地。哥伦布在他第一次远航时从新世界带回了玉米种子，西班牙、法国南部及意大利的人们发现了这种新谷物的滋味和多功能性，于是这些地方很快就有了它们自己的玉米地。同样的，黄豆也成为欧洲饮食的主要组成食物［摩拉维亚修道士格里哥·孟德尔（Gregor Mendel）在19世纪所做著名的遗传实验就用到了黄豆］。尽管南瓜在储存上存在一定的难度，但南瓜瓜子却至少可以存放一个冬季。不同种类的南瓜有不同的颜色、形状及大小，从微型南瓜到超大型南瓜（*C. maxima*），争奇斗艳。

尽管在全世界范围内，"美洲三姐妹"仍是人们饮食的主要组成部分，但玉米可能是最有意义的，是如今最重要的农作物。20世纪初期人们使用杂交技术来提高玉米的产量，美国的唐纳德·F.琼斯（Donald F. Jones）就是该领域的代表人物。除了作为人们的直接消费品，玉米也被用于制作玉米油、玉米糖浆、动物饲料、生物燃料等。人们全面而详细地研究玉米的基因组成（玉米的总基因数大于人类），因此，玉米也是第一个被成功改造基因的植物。基因改造后的玉米具有更强的抗疾病性与抗虫性，并且产量也大幅上升。芭芭拉·麦克林托克（Barbara McClintock）致力于研究基因调节与跳跃基因，并将其应用于玉米染色体中。这有助于我们理解玉米所经历的历史变化。这个研究也使她获得了1983年生理学或医学的诺贝尔奖。

英国皇家植物园收藏的菜豆属益母草（*Phaseolus albiflorus*）的标本（干燥并压制）。像这样的野生豆类是在墨西哥的高海拔地区收集的，可以提供很有价值的遗传信息，帮助人们研究如何改良豆类，以使其可以应对气候变化。

马铃薯、甘薯、落花生、藜麦

Solanum tuberosum, Ipomoea batatas, Arachis hypogaea, Chenopodium quinoa

南美洲传家宝

> 马铃薯，养活了激增的人口，保证了1750年至1950年期间大量欧洲国家在世界上大范围的主权地位。
>
> ——W. H. 麦克尼尔（W. H. McNeill），1999 年

印加文化快速兴起，在很短的时间内便繁荣发展，但最后却遭遇了灾难性的失败。这样的发展轨迹在一定程度上与疾病和16世纪30年代西班牙的扩张有关。这些生活在安第斯山脉的人们创造了一个宏大而令人印象深刻的帝国。正是因为他们将买来的培育植物传承下来，世界上的其他人才能了解到许多现在普遍使用的粮食。

在这些粮食中，就有马铃薯。因为马铃薯的适应性强，现在它基本上能在任何气候下生长。有证据表明，公元前5,000年，便有人在安第斯山脉种植马铃薯，到公元前2500年，马铃薯成为高原地区的主要食物。安第斯山脉的马铃薯有各种各样的形状、大小及颜色，现在在秘鲁的市场中仍然能看到这些形形色色的马铃薯。欧洲人第一次接触马铃薯是在1537年。从1537年到最后成为世界上最主要的粮食，马铃薯的发展道路并不平坦。西班牙与意大利也曾尝试种植马铃薯，但马铃薯并不适应那边的气候，最后并没有在欧洲南部存活下来。欧洲北部人民一开始对马铃薯持怀疑态度，一些新教徒反对马铃薯是因为它并没有在《圣经》中出现过。另外，马铃薯与颠茄同属茄科，所以人们认为马铃薯会和颠茄一样有毒。

在欧洲，早期南美洲的品种适应其原产地即赤道附近的生长环境，在昼夜长度几乎相同的情况下成熟，而在北方气候条件下，昼夜长度相同的季节为秋天，这个时候出现霜冻天气的可能性很大。马铃薯很容易进行杂交，在18世纪和19世纪前叶，欧洲园艺师致力于培育一些能够更好地适应欧洲和北美洲气候的新品种。园艺师们的工作得到支持，这是因为马铃薯容易获得大丰收，并且能够提供大量的卡路里。为了解决日照问题，来自智利或者更远的，南至赤道的马铃薯存货得以改良，它们在欧洲北部很吃香，首先是在法国，然后是德国，最后传播到爱尔兰。在这里，农民用有限的土地就可以养

活一家人。

1845年到1849年发生的马铃薯饥荒臭名昭著，该饥荒实际上起始于比利时，但是它的灾难性影响主要发生在爱尔兰。那时由于饥荒，近100万人死亡，还有同等数量的人移民逃离爱尔兰。尽管马铃薯枯萎病毁灭了爱尔兰的粮食丰收，而且其他疾病也对爱尔兰造成了困扰，但新的马铃薯品种的抗病性相对较强。19世纪末20世纪初，马铃薯的种植范围更广，只要能够种植植物的地方就能种植马铃薯，因此，现在几乎全世界都可以种植马铃薯。中国、印度与美国是马铃薯种植大国，但是不论是烤马铃薯、水煮马铃薯、马铃薯泥还是薯片，马铃薯的口味因地域不同而不同。尽管经过加工后，马铃

在落花生黄色的花朵受精后，子房（一种特殊的结构）向下生长进入泥土中，其尖端可以吸收水分和营养，并且由于缺少光的刺激，子房会变成含有果实的豆荚。其藤和叶子可以制成富含蛋白质的"干草"，而其空壳则可用于制作刨花板。

La Pomme de Terre

Lat. *Solanum Tuberosum* Allem. *Grundbir*. Angl. *Potatoc*. Amerie *Papas*.

G. de Nangis del et Sc.

薯最终产品的营养价值有所降低，但马铃薯本身还是极具营养的。

　　甘薯来自于一个完全不同的科，其俗名"马铃薯"来源于早期的欧洲大动乱。甘薯的西印度名字为"山芋"（batata）。1492年，哥伦布与他的士兵们在海地第一次见到了这种植物。甘薯是热带藤本植物的块状根，与牵牛花同属旋花科。甘薯的原产地可能在墨西哥南部至委内瑞拉这一区域。在秘鲁的早期考古遗址中，人们发现，早在公元前8,000年人们便开始使用野生甘薯品种。尽管现代的甘薯含有大量淀粉与一些糖分，原始的甘薯则更富含纤维。但是，它们在哥伦比亚发现新大陆前就广泛地传播开来，北至墨西哥，南至北美洲与加勒比群岛。更令人吃惊的是，甘薯的传播甚至覆盖了太平洋群岛，进入澳大利亚与新西兰。

　　距今已有2,000年历史的甘薯是如何传播的呢？这引发了大量的猜测。因为甘薯无法长时间在海水中存活，无法通过海水的帮助漂浮到这些地方，因此，应该是人们有意或无意地将甘薯带回来的。尽管也有人认为有可能是鸟类携带种子，将它传播到这里。不管是通过什么样的方法，甘薯开始在大洋洲、澳大利亚与新西兰种植生长。而且，早在欧洲人来到澳大利亚和新西兰之前，甘薯就已经存在了。同样令人吃惊的是，一开始在欧洲，甘薯比它的近亲茄属植物（Solanum）更受欢迎，而且早在西班牙与葡萄牙舰队将其传播到非洲与亚洲之前，甘薯就已经在地中海国家生长、销售。在非洲西部和其他大洋洲群岛，甘薯开始与山药（Dioscorea spp.）发生竞争关系，争夺膳

上图： 传统的安第斯犁的顶端一般由硬木或金属制成，用来破碎土块并耕出槽沟。在安第斯山脉高地，这种简单的工具在几千年来被用来种植马铃薯，并十分成功。

对页图： 马铃薯的花朵与果实。18世纪，法国的药剂师安托万·帕门蒂尔（Antoine Parmentier）鼓励女王玛丽·安托瓦内特（Marie Antoinette）佩戴马铃薯花来提升马铃薯的社会认可度。授粉后，种子长在一个小型球状的果实中。如果种植这些果实，可以得到新的变种。这些变种可以胀大，并通过块茎繁殖。

《甘薯》由简—希欧多尔·戴斯考蒂尔斯（Jean-Théodore Descourtilz）上色，其父米歇尔·艾蒂安（Michel Étienne）为图片的绘画者。这些图片是米歇尔在海地和加勒比旅游时所作。米歇尔的许多收藏都在海地革命中丢失，但仍有一些留存下来，并用来作为《来自安的列斯群岛上的医疗植物景观》（*Flore pittoresque et médicale des Antilles*, 1821—1829）中的插图。

食主要成分的地位。甘薯与爱尔兰马铃薯及白马铃薯的用处大致相同，只是甘薯会更多地用在甜味更浓的菜肴中。16世纪后期，菲律宾人将甘薯引入中国，如今，尽管甘薯也在非洲许多地方、印度以及美国南部种植，但中国已成为世界上最大的甘薯生产国与消费国。

另一种大范围种植的秘鲁植物就是落花生。在英国，落花生被称为"花生"（peanut）。这种称呼在一定程度上是准确的，因为，尽管不是坚果，这种植物仍属于一种豆类（如豌豆）。落花生其他较为普遍的名字有"花生果"（earthnut）、"古博豌豆"（goober）以及"弗吉尼亚花生"（Virginia peanut）。弗吉尼亚花生则是最普通的美国花生品种的称呼。落花生在地下生长。公元前6500年至公元前4500年间人们在考古遗址中发现落花生的痕迹。在欧洲人到达之前，新世界的人们食用落花生的方法多种多样，如生吃、烘烤，或磨成粉制成面团等。早在1492年，伊斯帕尼奥拉岛的泰诺人便已开始种植落花生。随后，落花生被西班牙人从这里传播到菲律宾、东印度群岛、中国及日本。葡萄牙人将落花生从巴西带到非洲与印度。之后，落花生便迅速成了非洲的重要农作物。尽管在很长一段时间里，落花生被用作牲畜的饲料，但人们也很喜欢食用落花生，不论是生吃、烘烤还是榨成花生油。在马来西亚美食中，落花生是一种主要的食材。在美国及其他一些地方，落花生会被捣碎制作成花生酱。

不像上述提到的三种世界性食物，安第斯山脉的主要当地谷物为藜麦，它在世界上其他地区较难存活生长。藜麦的叶子很大，形状像菠菜，可以食用。但是人们真正食用的部分大多是藜麦幼小的种子或谷粒，它的种子为白色或粉色。但是藜麦在食用前需要先放进碱性溶液内浸泡，以去除有毒的皂素。这种皂素是用来保护植物的，以免种子被鸟类破坏。藜麦是印加的主要粮食农作物，因为这种植物可以在霜冻天气存活，并能在贫瘠的土壤和高海拔地区生长。藜麦可用于炖汤、研磨成粉制作面包或玉米饼，也可以酿造印加啤酒——吉开酒。同时，藜麦也是宗教仪式的特色植物。在秘鲁、玻利维亚及其他安第斯国家，藜麦一直被大量地使用，但在其他地方，人们对藜麦并不熟悉。藜麦的种子富含蛋白赖氨酸、维生素及矿物质，被称为"超级农作物"，因此藜麦的种植和消费需求应该会大幅增加。

"白" 藜麦出现在 1839 年的《柯蒂斯植物学杂志》(*Curtis's Botanical Magazine*) 中。编辑为植物展现出的缺乏生气的外貌向读者道歉,并提醒读者,杂志除了展示"漂亮的植物"之外,也关注这些特殊的植物。藜麦在美国南部的温带地区具有"最有营养的食物"的地位。印加人尊称其为"粮食之母"。

3641

W.Fitch.Del.ᵗ　　*Pub. by S. Curtis. Glazenwood. Essex March 1838.*　　*Swan Sc.*

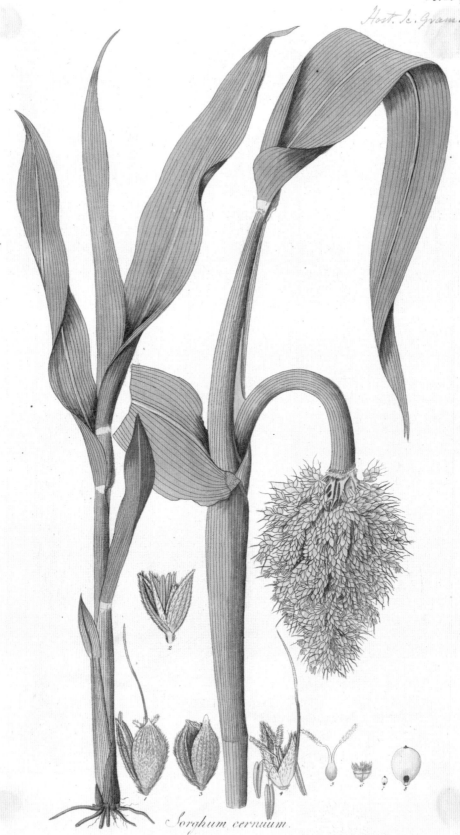

Sorghum cernuum.

高粱、山药、豇豆

Sorghum bicolor, Dioscorea spp., *Vigna unguiculata*

撒哈拉沙漠以南的主要食物

豇豆比任何食物都更能体现精神食粮的灵魂。

——林德赛·威廉姆（Lindsey Williams），2006 年

谷类、块茎类、豆类植物的原产地均为非洲，尽管随后被传播到远方，但这三类植物仍是非洲饮食的主要组成部分。早在公元前4,000年至公元前3,000年，埃塞俄比亚、苏丹或乍得就可能已开始种植高粱。高粱很有可能是从一种野生亚种（*S. verticilliflorum*）中培育而来的，高度可达4米（13英尺），穗部充满种子，并能够在干燥的土壤里生长。其价值很快便被发现，大约在公元前2,000年，高粱就被传播到印度，并在早期基督教时代于非洲的许多国家种植。高粱的早期栽培技术对研究非洲农业的起源至关重要，因为至今这个栽培过程都没有被完全弄清楚。高粱是撒哈拉沙漠以南非洲地区最重要的谷物，是世界上第五重要的谷类产品。

发酵技术能破坏高粱的蛋白质，使之成为更易消化、更有用处的分子。高粱的谷粒用处广泛，可以研磨成高粱粉，制作高粱面团，也可以用来炖汤或煮粥，还可以用来酿酒。高粱的种类与品种多样，尽管它们之间可以自由杂交，但每一个品种都有其不同的特征与相应的生长要求，这有助于不同品种成为其相应地区的主要谷物（根据土壤质量与年均降水量的不同，高粱常与其他谷物，特别是小米、玉米争夺资源）。高粱中的一个品种——玉蜀黍（durra）有极强的耐旱性，常常随伊斯兰教的分布而传播。第二个品种为非洲高粱（kafir），在非洲赤道南部较为常见。它富含丹宁酸，有助于预防鸟类破坏种子，但这也意味着人们在食用非洲高粱前需要先经过加工处理。第三个品种为几内亚高粱（guinea），偏爱高降雨量的生存条件，深受非洲西部人民的喜爱。在饥荒时期，也有其他一些野生品种获得了丰收。高粱在传播到非洲的初期，也被当作家畜的饲料。

印度大量种植高粱供人们消费，并成为家畜的饲料。美国也种植高粱，主要用作动物饲料。因美国高粱含较高的糖精，常被用来代替枫蜜。

山药也是非洲十分重要的一种粮食作物，同一属下有许多关系很近的种。尽管它们可以生活在不同的环境下，但它们均属于热带藤攀植物。山药

对页图：同许多非洲食物一样，高粱也是在从西非跨过大西洋到达美洲的这条"中间通道"运输奴隶的过程中给奴隶们吃的食物。人们曾经认为给奴隶吃他们熟悉的食物，可以增加他们在这可怕的旅程中幸存的机会。

约公元前 2000 年，豇豆从在非洲西部的最初培育地传播到印度南部。当更好的工具和灌溉方法出现后，其种植面积开始扩大。当地的品种经过精选后成为继水稻后的重要轮作作物。17 世纪，亨德里克·万·雷哈德在调查马拉巴尔海岸时发现其已被广泛种植，并在他的著作《马拉巴尔的花园》中提到了豇豆。

可食用的部分是它的块茎，有优势又有劣势。优势在于一旦被挖出，山药的块茎能在不需冷藏的条件下储存好几个月，因此，在其他食物缺乏的情况下，人们可以用山药充饥。山药可以长到非常大（最大的山药重达 60 千克或 132 磅），如果细心培育（提高山药的地位），将会获得丰厚的产量。山药的主要劣势在于它的块茎深埋在土里，距地表最深可达 2 米或 6 英尺，因此挖山药是一个困难而又费力的工程（但是有一些亚洲山药的块茎是长在地面上的）。山药的这种生长特点也是非洲种植技术饱受争议的一点，在那个时候，人们还没发明铁器，他们所能使用的工具只有石头锄头。可能在公元前 2,000 年，山药被移民者带到了其他地方进行种植，也有可能在很早之前就被采集狩猎的人挖出使用。大部分山药在食用前需要先煮熟，以去除有害的毒素。

尽管山药在世界上很多地方都有一定的进化发展，但两种最主要的非洲品种为产于非洲西部的果实为黄色的黄山药（*D.cayenensis*），以及品种非常接近的果实为白色的几内亚山药（*D.rotundata*）。如今后者被认为是前者的一个变种。尽管现在甘薯和其他进口食物在非洲占据一定地位，但山药仍是非洲中部的主要食物。山药的果实可以被研磨打碎制成面团，或进行多种方式的炒制。山药是海洋岛屿、印度以及中国饮食中的主要成员，在中国，紫山药是最常见的品种。亚洲山药也在公元1,000年被引进到非洲与马达加斯加岛，后来因为奴隶买卖，山药也被带到了新世界。

另一种非洲主要食物也通过欧洲舰队横跨了大西洋。在17世纪，西班牙人引进了豇豆，这种植物在美国被叫作"黑眼豆"。它需要足够的热量才能成熟，现在，黑眼豆仍为南美洲烹饪的一部分，代表了该地灵魂食物的主要特征。大部分情况下，人们食用豇豆干，但是新鲜的、并未完全成熟的豆荚也可食用，通常与猪肉和辣椒一起炒制以增加风味。豇豆在非洲、亚洲乃至加勒比群岛仍广泛使用，在海地，豇豆是主要的粮食农作物。

作为一种豆类，豇豆可以固氮，也可以和其他植物共同生长，特别是在非洲，豇豆是基本农业的一部分。在印度，豇豆可以代替兵豆来制作干豆（dahl），同时也能制作豆类咖喱。豇豆中一种特殊的品种长豇豆（*V. sesquipedalis*）具有超长的豆荚，俗称长豇豆，但并不是所有的长豇豆都很长，仅有少数可以称得上是名副其实。人们通常食用的是豇豆豆荚，而不单吃豆荚里的豆子。

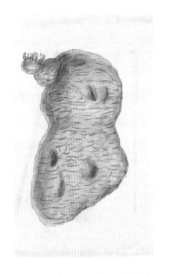

《薯蓣》这幅画作1921年创作于塞拉利昂。在非洲西部的薯蓣种植带，有精心准备的薯蓣节日，它也可能是村民生活和农业生产的重要组成部分。培育种植园中的薯蓣成熟后与任意野生品种杂交（一个长期持续的过程），产生了如今的"贵族"薯蓣。

芋艿、面包树

Colocasia esculenta, Artocarpus altilis

大洋洲的燃料

每一个面包果都是一个复果或合心皮果，从雌花序发育而来。雄花序位于左下方。数千年来面包果被大洋洲人民所食用，在那里有超过2,000个不同的品种，各自有不同的名字。

整个面包果在炎热的余烬中烘焙，然后用勺子将果皮内的果实挖出食用。我把它比作约克郡布丁。

——阿尔弗雷德·拉塞尔·华莱士（Alfred Russel Wallace），1869年

芋艿与面包果相差甚远。前者是根茎（更确切地说，是球茎），上面长有大而吸引人的叶子；后者生长在树上，树干可达85米（约278英尺）。但是这两种植物有一个相同点，那就是它们的果实均富含淀粉。它们的历史也存在一定的交集，都曾是太平洋岛屿的主要食物。事实上，芋艿也是其他三种可食用的球茎的总称，这三种球茎隶属不同的属，但均具备芋属的许多特征。

芋艿的原产地为南亚，很可能是印度或缅甸，但在6,000年前，芋艿被传播到泰国、马来西亚、印度尼西亚及菲律宾。随后，芋艿在巴布亚新几内亚和太平洋群岛定植。在夏威夷，人们对芋艿的称呼有70种。这种植物种子产量少，因此它的繁殖需要借助人工的力量。芋艿的繁殖需要通过移植，移植的部分为根的顶部和一小部分茎秆。通过移植，可以确保存活率，并保证果实的来源纯正。因此，农民在植物的不同生长时期都十分忙碌。从播种到丰收需要历经9到18个月。作为一种热带植物，芋艿需要有充沛的降水量或大量灌溉。尽管芋艿能适应相对干旱的环境，但它能在水淹地区茁壮生长。这也意味着在许多地区芋艿可以和水稻竞争。

芋艿种植主要集中在热带太平洋岛屿，但它也被向西传播，到达非洲、埃及以及一些地中海岛屿。到8世纪，芋艿也被传播到了伊比利亚半岛。最后，芋艿也在加勒比海和南美洲定植。因为芋艿富含淀粉，因此，在甜食十分短缺的时期，芋艿在世界各地都受到欢迎。芋艿容易被消化，因此它是合适的婴儿食物，同时也适合存在消化问题的成人。相对于许多其他便宜的食物来说，芋艿经常被用在特殊场合，但这并不影响它在海洋美食中受欢迎的程度。

面包树（*Artocarpus altilis*）与桑树同科，是现在巴布亚新几内亚的本土植物。在欧洲人占领该地前，面包树便被带到了许多太平洋岛屿。面包树的年均果实产量为150到200个，果实大小与大型香瓜相近。香瓜在烹调时会散

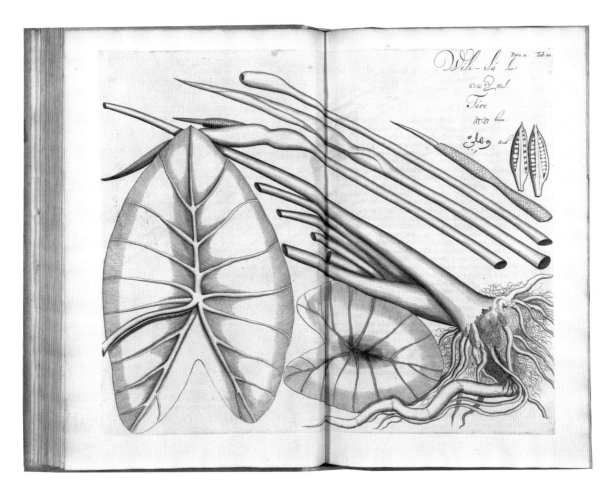

发出一种香甜的、舒服的味道。除了可以在有热石头的石坑里烘焙，面包果也可以进行脱水处理或将果肉研磨成粉。发酵的果实有时可制成蛋糕，也可以作为制作甜粥的原料和芋艿交替使用。除了果实之外，面包树的树干可加工成建材。现在面包树的种类有200多种，大多为现代的无子品种。

面包树产量高且容易获得，因此在各地区都备受欢迎，而且欧洲人第一次见到面包树时便被它所震惊。18世纪70年代，博物学家约瑟夫·班克斯（Joseph Banks）与英国航海家、探测家詹姆斯·库克（James Cook）一起航行时，决定将面包树带到具有热带气候的北美。1789年发生的具有传奇色彩的慷慨号哗变就是由面包树引起的。慷慨号（HMS Bounty）航行的目的是到达塔希提岛，尽可能多地装运面包树到西印度群岛。慷慨号的指挥中尉威廉·布莱（William Bligh）在此次哗变中存活下来并回到塔希提岛收集面包树，将其移植到新世界，以便在当地大量种植当作给奴隶的食物。尽管此次经历没有得到预期的效果，但面包树最终在加勒比海和具有热带气候的北美定植。

这幅画作《芋艿》出自亨德里克·万·雷哈德的《马拉巴尔的花园》一书。除了芋艿可食用的叶子和中心球茎（叶柄就是从中心球茎中长出），雷哈德还展示了花的结构和包含种子的果实。芋艿自然开花并产生种子是很罕见的事件，但是这种困难是可以突破的，这种重要的粮食作物与不同品种杂交的潜能也能被挖掘出来。

苜蓿、燕麦

Medicago sativa, Avena sativa

加快了二轮战车与犁的发展

苜蓿并不是希腊的本土植物，最初从米堤亚引进，那时正值波斯战争，大流士王为波斯国王。同时，在这么多植物中，苜蓿应该最先被介绍，因为它性质出众。

——蒲林尼（Pliny），公元 1 世纪

尽管是异想天开，但这个耕地场景取自彼得·德·克雷森齐（Pietro de Crescenzie）的《综合性农业》（*De omnibus agriculture*，1548），强调了农业设备和饲料作物不断发展的重要性。

家畜的用处广泛，但它们也需要进食。最早叫得上名的饲料就是苜蓿或紫花苜蓿。这种种子幼小、三叶草形状的豆类生长于欧亚大陆西部的草原生物群区，在那里有许多家养马。游牧民族的马匹食用天然的苜蓿，随后天然的苜蓿也成为战马和商用马的饲料。

安纳托利亚的赫梯人是饱受赞誉的早期战车御者。他们在泥板上记录下自己使用苜蓿让马匹过冬的事例。这个想法随着贸易路线传播开来，并被入侵的军队所采用。波斯的大流士一世用苜蓿饲养骆驼和家畜，并将这种饲养方式传授给希腊人。苜蓿同时也成了罗马的一种战争机器。公元1世纪，科卢梅拉（Columella）与蒲林尼大赞苜蓿的作用，并规定了具体有关土地储备和切削用量的详细说明。公元前2世纪，汉武帝为了巩固疆域，四处寻找来自位于乌兹别克斯坦的费尔干纳盆地的良驹。这条路线从汉朝的首都西安出发，途径费尔干纳，最后到达黑海，是丝绸之路最北边的路线。

苜蓿不仅仅具有实用性，可以收集储存，同时，作为一种豆类，它也能提高土地质量，并为轮种体系中的下一种植物提供养分。但是在欧洲，苜蓿的作用并没有被重视，直到苜蓿被穆斯林带回西班牙，它的作用才得以发挥。在文艺复兴时期，意大利人种植的是产自西班牙或匈牙利的苜蓿。但那时，在欧洲北部，相比于苜蓿，其他饲料植物对耕种更加重要。

野生燕麦的原产地为肥沃月湾。与小麦或大麦不同的是，野生燕麦在饲养场大量繁殖，就像杂草一样占据整个饲养场。通过这种方式，野生燕麦遍布整个欧洲。在西北部，每当天气情况恶劣的时候，燕麦的长势总是优于其他谷类植物。因此，4,000年前德国的证据表明，接下来的一个步骤就是单一植物种植。家庭种植的燕麦则是在1,000年之后出现的。在凯尔特人定居的欧洲，燕麦成为主要的谷物，这加剧了罗马人对燕麦的厌恶，因为他们认为这

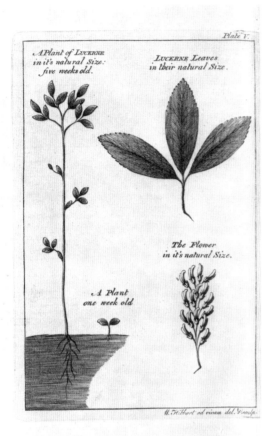

种植物只适合动物和野蛮人。

西南亚和欧洲南部的犁只适用于轻质土。多瑙河西部与北部及阿尔卑斯山脉的泥土黏性较强,且常常没有树木生长,因此需要更加坚固的、装有犁壁与轮子的犁来破碎土块并耕出槽沟。最初的时候,一般由牛拉犁耕地,但因为牛轭的阻碍,拉犁的速度无法得到提高。在对牛轭的设计进行改良并引进马蹄铁之后,原始犁的潜力便被完全发挥出来了。而富含热量的燕麦则是良好的马匹饲料。燕麦是轮种体系中的一种植物,相比于小麦与大麦,它能在贫瘠的土壤中更好地生长,这也可以说是燕麦的一个优势。

尽管燕麦中蕴含的水溶性纤维能够降脂,得到了越来越多人的认可,但是在欧洲以外,燕麦更多被用作动物饲料而不是食物。苜蓿在16世纪被西班牙人和葡萄牙人带到新世界,从南美洲向北传播。所引进的种子的原产地是亚洲,而且选择育种产生出了新的品种。在21世纪,苜蓿可以通过寄生在根部的微生物破坏化学物质以达到清理污染物的目的,污染物包括长时间停留在泥土中的除草剂。这可以说是对古老饲料的现代化应用。

左上图: 沃尔特·哈特(Walter Harte)在欧洲游学旅行中,与一名年轻的学生一起研究了陆地种植方法。在他的《畜牧业论文集》(*Essays on Husbandry*, 1764)的第二篇文章中,他谈到了移植紫花苜蓿的文化。他是紫花苜蓿("最美的人工培育植物")的忠实拥护者。

右上图: J. 梅茨格(J. Metzger)在《欧洲谷物》(*Europaeische Cerealien*, 1824)一书中描述的两个品种的燕麦。如今人们认为这两者是同一品种,并非是不同的植物。

A   B   a   c   d   e

橄榄树

Olea europaea subsp. *europaea*

橄榄的典型代表

> 橄榄树是世界上的第一种树。
>
> ——科卢梅拉（Columella），公元 1 世纪

橄榄树与地中海有着紧密的联系。橄榄树、橄榄果、橄榄油展现了这片土地、这里的气候以及生活在这里的人民的特色。尽管驯化植物引起了当地的一些变化，但在地中海气候下（温度高，降水量充足，冬天温暖潮湿，夏天炎热干燥），橄榄树仍然是产量最高的植物。橄榄可以作为食材，但人们使用较多的是橄榄油。作为油灯燃料，橄榄油燃烧时火焰明亮而且没有黑烟。橄榄油较润滑，可以用来滋润干裂的皮肤，缓和晒伤，柔顺秀发或制作肥皂。橄榄油同时也是一种天然的溶剂，能将菜肴中的各种味道融合在一起，而且在古代，也可当作香水使用。在地中海东部，橄榄油也是一种神圣的受膏液体，不管该地区的人民走到哪里，不管他们的思想传播到何处，对橄榄油的崇敬始终如影随形。

橄榄油曾经只是一种补充卡路里的重要来源，而现在，它则是"美好生活"的代名词。橄榄油是被大肆夸赞的"地中海饮食"中的精华，被认为可以预防癌症和动脉硬化。因为单一不饱和脂肪酸与多酚的结合，这些特级初榨橄榄油中所蕴含的不仅仅只是情怀。特级橄榄油的名字也代表着高纯度。

地中海的油橄榄亚种（*Olea europaea subsp. Sylvestris*）相比于它自己的培育变种，树叶较宽大，果实较小，与其说是树木，不如说是带刺灌木。野生橄榄树柔和的绿色、灰色及黑色与其他常绿植物交相辉映，形成了地中海盆地石灰岩斜坡上典型的马基洛群植被。如今，野生橄榄的数量远远不及培育的变种和自然生长的橄榄。在山腰培育橄榄树林最初就包括清理竞争植被、控制现存树木并种植新一代橄榄树。从地中海东部的花粉分析中可以看出在公元550年到640年该地区种植高峰期时橄榄树的主导地位如何，但是橄榄对人们的重要性可以追溯到更早之前。

考古学证据表明，公元前19,000年的中诺曼底时期，住在加利利海岸边的采集狩猎者采集了大量野生橄榄果。在新石器时代后期，人们不仅仅采集橄榄果，而且将橄榄果碾碎制成橄榄油使用。在红铜时代，沿海地区的内陆

对页图：正在开花的橄榄枝——一种传统的象征着和平与友谊的植物。由于橄榄是一种核果或水果，因此橄榄油（如同棕榈油）可被称为一种"果汁"。

与山地的橄榄树的产量不断增加。虽然人们不确定这些是野生橄榄还是培育橄榄，或者两者都有，但是他们对橄榄果的采集与使用日益增加。现在人们认为野生橄榄树向培育橄榄树转变是一个缓慢的过程，而且最早发生在黎凡特北部。为了挑选培育出更大、更新鲜、更绿的橄榄果实，人们不断将野生与培育品种进行杂交，而且选用的品种都是慢熟的、不易结果的。

橄榄树的树龄很长，而且如果管理得当，能在几百年的时间里都保持较高的产量，为土地增加大量的价值。这些特征增加了橄榄与人们定居生活方式之间的历史联系。因此，橄榄树林是值得被保护的。在青铜时代后期，从培育橄榄中榨取的橄榄油具有很高的价值，并成为畅销的贸易商品。制作高质量的橄榄油需要高超的破壁、萃取以及运输技术，即使在现在也是如此。而当时的运输则需要借助刚萌芽的陶器工业。在美索不达米亚或埃及这类不太适宜橄榄生长的地方，橄榄油的消费群为高端消费者，且售价很高。

在黎凡特发生的从野生橄榄到培育橄榄的转变因希腊人和罗马人而被广泛地传播开来。按照罗马人的口味，他们对橄榄油的需求量巨大。他们也开始在餐桌上直接食用橄榄果，但是餐桌上提供的橄榄果需要事先浸泡过或用盐水腌制来减弱橄榄天然的苦味。罗马人在北非、意大利南部以及安达卢西亚种植橄榄树林，并经常进行灌溉。他们也制定了一个有效的油质等级体系，并创立了相关机构进行监管，防止出现假冒伪劣产品，因为掺假是一个持续不断的问题。因为橄榄油十分受欢迎，罗马皇帝谢普提米乌斯·塞维鲁（Septimius Severus，在位时间是公元193—211年）将橄榄油加入到粮食补贴目录中。粮食补贴的作用是帮助保持罗马市民的安分稳定。

如今，橄榄树林因其可持续性而闻名。橄榄树林里有大量昆虫，是定居和迁徙的鸟类补充体力的重要场所。橄榄可以在贫瘠的土壤中生长，事实上，它们在这种土壤中生长得更好。萃取过的橄榄残渣可以当作肥料、动物饲料，同橄榄树木材一样，也可以成为燃料的原材料。橄榄树广阔而浅埋于地下的树根有助于固定斜坡上的泥土。当这些斜坡进一步修剪成梯田时，梯田的每一层都可以储存雨水，并减缓水土流失。因为灌溉同时也能增加橄榄树的产量，农民也能从中获益。但橄榄有时候却并不那么可靠，因为橄榄的产量遵从双年规律，即一年为大年，一年为小年。但是只要修剪妥善，就可以解决这个问题。橄榄丰收时，大部分的采集工作都是人工完成的，绿色的橄榄比成熟的黑色橄榄要更早采摘。

因为橄榄为人们带来了许多好处，人们也将橄榄作为一种象征物品。雅典娜将橄榄树作为礼物赠送给雅典。从这种神圣的树木中提取的橄榄油成为泛雅典运动会的奖品，而橄榄花冠则成为奥林匹克运动会的奖品。橄榄枝已

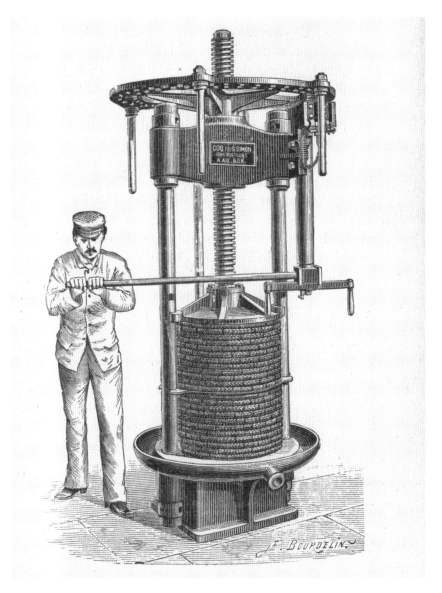

为了提取橄榄油,橄榄被压碎,得到的糊状物会被再次压榨,使水油分离。19世纪液压装置发明以后,压榨过程变得更加简单。这个法国的模型出现在彼得·爱格里尔(P. d'Aygalliers)的《橄榄和橄榄油》(*L'olivier et l'huile d'olive*,1900)一书中。如今一体化的离心机可以在密封的装置中榨油,以避免其与空气接触,且处理方法更加温和。

经超越了它的希腊起源、《圣经》以及《塔木德经》的内涵,成为国际上和平与和谐的象征。

葡 萄

Vitis spp.

酒后吐真言

> 葡萄藤可以结三种葡萄果实,一种叫快乐,一种叫陶醉,还有一种叫厌恶。
>
> ——阿纳卡西斯(Anacharsis),公元前 6 世纪

带葡萄去医院看望病人可能是一种独特的英语国家习俗,但这习俗背后则蕴涵着一定的逻辑。红葡萄与紫葡萄富含类黄酮,这是一种植物色素,可以使植物拥有鲜艳的颜色,同时也有抗氧化的作用。一开始有人认为这种分子能预防可怕的现代疾病、如癌症、心血管疾病、神经退行性疾病、类风湿性关节炎,但其实并不像人们认为的那样简单。作为一种膳食补充剂,抗氧化剂也没有意想中那么有效,但是葡萄中仍有许多物质能够起到积极的影响。葡萄健康美味,但葡萄皮在食用时则会给人们带来一定的麻烦。

野生的欧亚葡萄藤——野生葡萄藤种群(*Vitis vinifera subsp. Sylvestris*)是一种温带的藤本植物,生长在河边森林中,它曾被广泛传播。这种缠绕树木生长的葡萄藤依靠树木的支持向上生长吸收阳光。葡萄藤有雌花与雄花之分,通过授粉,雌花可以结果。葡萄藤在扎格罗斯北部、托鲁斯山脉东部以及高加索的山区培育种植,可以算得上是继谷类与豆类后,植物培育的第二波浪潮。此次培育的关键在于自然的雌雄同株葡萄藤的出现。这种葡萄的形成是由于单一基因突变,因此,培育这种葡萄,只需要人们筛选出这种基因即可。

葡萄藤的细枝只是简单地深入地下,因此很容易被拔出。因为葡萄籽可以生长出多种多样的品种,所以人们可以保留并再次种植合适的品种而摒弃不合适的品种。因此,人们有可能种植出一树林或一梯田的葡萄,并创造出一个新的地貌——葡萄园。在这种简单而多产的植物无性繁殖之后,产生了一种更加复杂的技术——嫁接法。这也是种植控制历史上的重要一步。在此之后,经过细心照料、培育,修剪的葡萄可用于直接出售,或经过熬煮制成葡萄糖浆,或脱水干燥制成葡萄干与无核小葡萄干。因为葡萄干易储存,便成为欧洲冬季美食的主要食材。葡萄叶可以作为许多菜肴的装饰,而葡萄枝也是良好的柴火。

早在培育种植之前,人们会挑选小型、口味较酸的野生葡萄,因为它

Cornichons blancs.

P. J. Redouté   Victor

们的内在特征是更加容易发酵。当葡萄成熟并破裂时，葡萄汁会与葡萄皮上自然生成的酵母发生反应，产生酒精。下一阶段被称为"旧石器时代的假说"，因为这一步骤最初出现在旧石器时代。在这一阶段，人们更加主动地收集葡萄并将它们发酵成葡萄酒。但是这个假说的准确性并不能被保证，因为并没有所需的史前器物来支撑这一观点。在中国中北部地区的河南省贾湖遗址（中国新石器时代前期重要遗址）中发现了人们利用野生葡萄（山楂果）制作格罗格酒的证据。此外，在扎格罗斯北部的哈吉菲鲁兹，人们发现了7,400到7,000年前的瓦罐，这些瓦罐用于储藏葡萄或葡萄产品。但葡萄培育和葡萄酒酿造则是在5,500到5,000年前开始的。从山地地区到北部地区，葡萄种植被传播到美索不达米亚和埃及。葡萄酒和葡萄干成为重要的贸易产品，它们被储存在两耳细颈酒罐中，与松木树脂放在一起。松木树脂的气味影响了葡萄酒最终的口味，让人想起了希腊的松香味葡萄酒。

在所有的文化中，如希腊与罗马文化，葡萄酒与仪式、宗教以及社交饮酒有很密切的联系。除了普通的酒吧，希腊的上层人士还有他们自己的"会饮篇"（symposion），罗马人则有"地理隔离种"（convivium），人们对迪奥尼索司（希腊神话中的酒神）、巴克科斯（罗马神话中的酒神和植物神）的追崇也蓬勃发展起来。葡萄酒在安息日和基督教圣餐中也起到重要的作用。罗马没落后欧洲仍处在不稳定的状态中，此时，葡萄酒仍与教会有密切的关系。当修道院，特别是本笃会与熙笃会对葡萄酒的需求增加时，备受崇敬的葡萄生产地出现了许多经营良好的葡萄园，现在的葡萄酒酿造师也发挥了他们的作用。

在体液学说中，红酒属于一种湿热性的药物，它的价值体现在能为虚弱的人或干寒体质的老年人提供营养。因为红酒易消化，所以能够重燃不断减弱的生命元精。红酒越酿越香醇，而红酒最终会被氧化成醋。但这并不意味着红酒就失去了它的价值，它可以用作调味品或防腐剂。在瘟疫蔓延期间，红酒也起到了重要的作用，它能够收缩人体皮肤和鼻腔的通路，防止引发疾病的有毒蒸汽或瘴气进入到人体内。

葡萄藤与欧洲的扩张与殖民远航息息相关。酿酒用葡萄的葡萄藤从墨西哥传播到秘鲁、智利以及阿根廷，并向北传播至加利福尼亚。在南非，好望角对葡萄的接纳度很高，虽然直到19世纪40年代，好望角才在澳大利亚与新西兰找到适合葡萄种植的地形。常见的是，人们在全球范围内移植植物时同时也造成了疾病的传播。三种值得注意的葡萄寄生虫为白粉菌或粉孢子（Erysiphe necator）、霜霉菌（Plasmopara viticola）以及蚜虫（Viteus vitifoliae，之前也称为Phylloxera vitifoliae），均来源于美国东北部。这里的葡萄藤与病原

Vol. II.   pag. 396.

SCALANOVA

A View of Scalanova near Smyrna ——   152.

1700 年到 1702 年期间，法国植物学家约瑟夫·皮顿·德·图内福尔（Joseph Pitton de Tournefort）在黎凡特进行植物调查，调查范围远至达格鲁吉亚区域。克劳德·安德烈特（Claude Aubriet）是著名的植物艺术家，他陪伴图尔福尔进行调查，并将他们所到之处、所遇之人以及所见植物都画了下来。在位于土耳其爱琴海岸临近士麦那（今伊兹密尔）的库沙达瑟港口，他们看到了一座新建成的葡萄园。这里可以称得上是葡萄干和葡萄酒的产区。

体共同进化，因此不会像引进的品种那样受到严重的病虫害感染。也正因如此，从16世纪开始将葡萄藤移植到东海岸的做法总是以失败告终。但这种失败促使人们利用当地葡萄藤培育变种。

虽然铜膏喷剂控制了粉孢子的蔓延，但为了培育有抗体的植物，不同地区的葡萄插条被不断交换进行培育。因此，在19世纪60年代，这种传播也将葡萄根瘤蚜带到了欧洲，破坏了法国的葡萄酒产业。除此之外，这种使用杂交手段解决问题的方式也将霜霉菌带到了欧洲。通过将酿酒用葡萄嫁接到有抗体的美国本土葡萄根茎上，葡萄根瘤蚜灾难最终得到控制。在古代，这种有助于建造更好的葡萄园的技术拯救了全球的葡萄酒产业。

杂交手段产生了新的葡萄品种，产生了不同的口味，增加了口感，特别是对那些年份较近的葡萄酒来说。而年份较远的葡萄酒则是高档产品或收藏产品，并不用于品尝。现如今，葡萄的培育品种约有10,000种，包括许多无籽的葡萄品种。即使这种葡萄品种无法继续培育后代，但这种葡萄仍是直接食用或制作葡萄干的理想品种。

味觉享受

不止步于果腹

主要农作物与文明建设有密切的关系，当人们食用这些农作物，解决饥饿问题时，发现仅这些食物并不能满足他们对口味的追求。这种对口味的追求让普通的食物变得与众不同。本章探究的就是这类植物和植物产品的这种附加性质。

华丽的香料藏红花具有杰出的特质，使人联想到高贵与专属性。当然，这与实用性也有很大的关系。萝卜白菜，各有所爱。在印度和香料岛生长着胡椒、肉豆蔻及丁香，对这些调味品的需求促生了贸易和远航探索。葱属植物则相对较普通，仅仅只是果菜园中的一部分。大蒜、洋葱、青葱以及韭葱均含有硫化物，能够提供辣味，但韭葱的味道最清淡可口。大蒜属于超级食物，但由于它的气味过于强烈，并不受欢迎，同时，大蒜也可用于区分社会等级。但是罗马奴隶和士兵大量食用大蒜，因为大蒜能够加强他们的力量。

罗马人重视芦笋，他们花了大量精力培育芦笋，并且十分重视它的医用价值。在文艺复兴时期，当人们更多地去关注食材的品质而不是食物中所含的淀粉和蛋白质时，芦笋因为它的精致和易消化的特质而饱受赞誉。芸薹属植物虽被认为是一种普通的绿叶植物，却因为此物种和其栽培变种富含营养而具有广泛的用途。卷心菜的原种（之后演变成菜花、球芽甘蓝、西兰花、

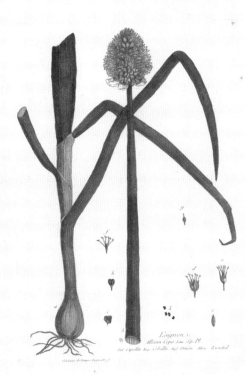

大头菜）并没有穗。植物中带穗的品种首先出现在欧洲北部，它们是寒冷的北部的主要植物。在中国，繁多的东方蔬菜属于一个科属。

如今，各类啤酒都被看作是一种诱惑或是一种危险的物品，但在早期文明中，啤酒是劳动者日常饮食中重要的一部分。它提供了干净的水分、卡路里及一种暂时的陶醉感。直到8世纪或9世纪，欧洲才大量种植啤酒花这种激发性欲的草药。而它防腐的特性也逐渐被认可。

有两种植物，它们的原产地为新世界，但随后成为种植地的主要植物，并在当地人的饮食中起到了关键作用。当伊比利亚人将辣椒这种中美洲佳肴带回祖国并传播到他们在东方的殖民地时，辣椒瞬间得到了当地人的青睐。番茄因为味道浓烈，且带有甜味，已成为地中海美食中的主要食材，地位无法被其他食材撼动。自17世纪以来，人们逐渐摒弃最初对番茄的偏见，爱上了这种被称为"爱情的苹果"的植物。

番红花

Crocus sativus

销量惊人的香料

药房的干藏红花，它们和调味瓶中的藏红花在各方面都完全相同。西里西亚的医生向克里奥帕特拉女王推荐食用藏红花来保持皮肤白皙。

它的花朵第一次开放在大地上。

——约翰·杰勒德（John Gerard），1636年

番红花的球茎小，不吸引人，却能够开出美丽的紫色花朵，花朵上的柱头形状大而独特，呈现出接近红色的深橘色。番红花最常被使用的部分就是它的株头，能够制成世界上最昂贵的食品之一，也就是我们所熟知的一种香料——藏红花。藏红花被广泛用于饮食、染料、神话以及医药中，其中，金黄色的藏红花最受欢迎。从佛教中藏红色的长袍到古罗马迎接皇帝尼禄（Nero）的铺满藏红花的道路来看，藏红花与神圣及精英之间的联系存在已久。但是，因为藏红花口味辛辣、气味持久、颜色强烈，不论是整体使用或研磨成粉，用量均只需一点点。

产自波斯的藏红花增添了传统的米类菜肴的风味，如肉饭与shola。腓尼基人沿地中海进行藏红花贸易，西至西班牙。尽管之后穆斯林在罗马帝国全盛期时又再次引进了藏红花。莫卧儿人将藏红花的用处传播至印度。尽管并没有证据表明他们是使用了什么方式将藏红花重新引进的，但十字骑士与虔诚的朝圣者将藏红花重新带回巴基斯坦，随后，藏红花在意大利、法国以及德国被种植。英国东部的瓦尔登是一个盛产羊毛的小镇，但因为大规模种植藏红花，所以他们将藏红花加进他们的名字里面。

中世纪厨师将藏红花作为宫廷审美中重要的一部分。在宫廷审美中，食物被大量用来展示财富。虽然这种时尚在有贵族气质的家庭中有所改变，但藏红花仍然是普罗旺斯浓味鱼肉汤与意大利调味饭的主要食材。在桑塔露琪娅宴会上使用的瑞典露西亚面包被保存在储藏柜中，这说明了它的纯正性。藏红花的高成本与稀缺性使假冒产品层出不穷。有些柱头中会掺杂红花（*Carthamus tinctorius*）的花朵部分，而姜黄（*Curcuma longa*）根粉末则用来代替五味粉。德国人在15世纪极力遏制这些造假的行为，甚至会对犯法的人处以死刑，如烧死或活埋。

藏红花高成本的原因在于收割和加工的方式很困难，因为至今这些方式都没有机械化。每一株植物都有3朵花，能够连续几天开花，每一朵花上都有

3个珍贵的柱头。雌蕊有长长的、像线一样的柱头，能够提供极好的香料。当整朵花被摘下后，在花朵底部的柱头会被单独取出并做干燥处理。提取1磅（0.45千克）的干藏红花需要用去70,000朵新鲜花朵，而且这70,000朵花在种植时占地十分之一英亩（约404平方米）。藏红花的采摘工作最好在日出前完成，因为这个时候的水分含量达到最适宜的状态。伊朗是世界上最大的藏红花种植地，每年十月份与十一月份为丰收期，丰收期主要集中于20天左右。

藏红花既是药物又是调味品，药用藏红花被切成厚片，用来消除由于肺结核导致肺充血产生的不健康体液。同样地，将其加入食谱中，可以微妙地平衡其他调味料的味道，并且可以中和健康身体产生的缓流的体液。

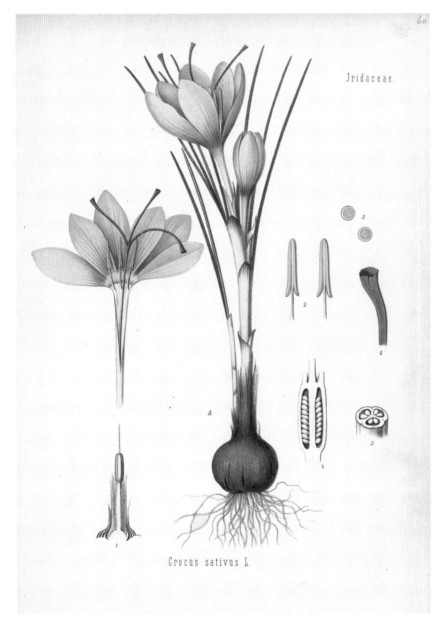

Crocus sativus L.

Tab. XXV.

Planck. fc.

PIPER NIGRUM. L.
Der schwarze Pfeffer.

肉豆蔻、丁香、胡椒

Myristica fragrans, Syzygium aromaticum, Piper nigrum

西印度群岛的财富

> 商人们从特尔纳特和特尔多群岛带来了香料药品。
>
> ——约翰·弥尔顿（John Milton），1667 年

香料对早期的现代欧洲十分重要，以至于香料中的两种原料（肉豆蔻与丁香）的产地被称为香料岛。有关香料的战争也时有发生，当去往东部的海上直航路线被发现时，葡萄牙、西班牙、荷兰及英国便开始争夺这些香料的控制权。在古代，通过传统的路线将香料运往欧洲需要花费大量的劳动力。而在早期的地中海文化中，肉桂、肉豆蔻、丁香及胡椒受到人们的喜爱，但是这些香料都很贵，因为运输成本很高，首先需要用船只借助印度洋的季候风潮汐将香料运输到阿拉伯半岛的港口，然后通过陆路与海路最终运送到目的地。在公元1世纪，罗马就可能已有肉豆蔻，尽管这种很贵的香料是从哪里来的我们并不能够确定。

事实上，肉豆蔻树仅仅在群岛中的少数岛屿上生长，如现在的印度尼西亚的东部、班达或香料岛。这种常绿树与其他能提供香料的植物相比十分特殊，因为它能同时提供两种香料与果实。肉豆蔻是果实中最珍贵的果仁部分，而价格更高的豆蔻香料则是果仁外面那层薄薄的皮。肉豆蔻的果实本身可以食用，常常与蜂蜜或糖浆一起制成蜜饯。在16世纪，这种有着金色果实的茂盛的树木被描述成"世界上最动人的风景"。肉豆蔻在东方有悠久的贸易历史，受到中国人与印度人的重视，同时，在拜占庭时期，君士坦丁堡（现在为伊斯坦布尔）的肉豆蔻贸易也十分繁荣。除了让食物更加美味，肉豆蔻也用于增加麦芽酒的甜味，让衣服闻上去更加清新。在中国，肉豆蔻还有医用价值。欧洲人认为它能减轻一些疾病，如黑死病，这也增加了人们对肉豆蔻的需求。

在15世纪后期，葡萄牙航海家瓦斯科·达·伽马（Vasco da Gama）发现了一条去往东方的海上直航路线，因此，这些地区的香料变得更容易获得了。尽管绕非洲航行的海路路线长度是原先的海路、陆路相结合路线的2倍，但是因为只用支付一次关税，这种海路运输的费用要更低。人们可以在班达岛用船装载肉豆蔻，之后在附近的特尔纳特和特尔多岛（位于摩鹿加群岛）

上图：黑胡椒曾为人类创造出巨大的财富。1665 年 11 月 16 日，记者塞缪尔·佩皮斯（Samuel Pepys）将东印度商人货船船舱中的香料形容为"杂乱世界中人们能拥有的最大财富"。你似乎能"在每一个角落和缝隙中闻到胡椒的味道，丁香和肉桂没过我的膝盖，整个房间充满了香料的香味"。

对页图：黑胡椒的花朵和结果的茎秆。细节图展示了色彩鲜艳的成熟黑胡椒果、干燥后的黑胡椒，以及去皮的白胡椒。

右图: 肉豆蔻开花的枝杈、果实、果仁和种子的种皮。在原产地印度尼西亚班达群岛,豆蔻几乎全年都可以开花并结出金色的果实。果实裂开后露出果仁外包裹的鲜艳的红色种皮,干燥后就变成了我们在厨房中常见的棕黄色的、易碎的肉豆蔻干皮。

对页图: 丁香芳香的叶子和花。丁香未开放的花朵可作为香料进行交易。开花后所结的紫色浆果可以用糖腌制,并且作为一种餐后助消化的甜点。

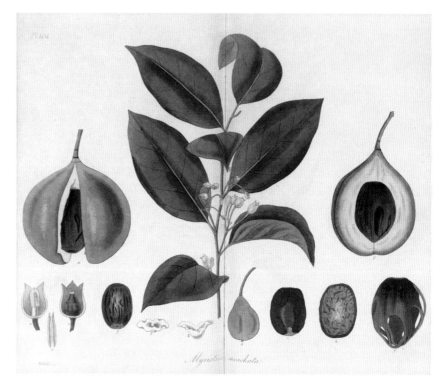

装载丁香和干燥的丁香花苞。当装载好所需的干燥的香料之后(干燥的香料更易储存),他们便载着满满的一船财富回航,当然前提是他们不会遇到海难或海盗。随后,欧洲对丁香的需求增加,用于清新口气、提高食物的口感以及制药。几乎所有的香料都有医用价值。

在西班牙,这两种香料的贸易收入十分可观。随后,荷兰、英国与葡萄牙开始与其竞争,想要垄断香料贸易。但相比于荷兰东印度公司(VOC,创立于1602年),西班牙提前成功进入香料岛的市场。英国的东印度公司于1600年获得皇家宪章,尽管鲁恩的一个小岛(盛产肉豆蔻)成为英国第一个海外领地,英国仍只是险胜荷兰,将它排挤出市场。但英国并没有守住香料市场,最终两个国家达成协议,于是荷兰在香料岛也有了香料的垄断权,而英国则拥有新阿姆斯特丹的垄断权,随后曼哈顿和其他荷兰在北美领地的垄断权也归英国所有。

英国东印度公司随后将重点放在印度,法国和葡萄牙对印度觊觎已久,这里是另一种主要香料胡椒的原产地。在印度南部有天然的胡椒,而印度人也培育胡椒,它们或在本地消费,或出口到欧洲和亚洲其他国家。胡椒需要攀附其他植物生长,野生胡椒就借助椰子树的树干向上生长。但是在种植园内,人们使用标杆作为胡椒的支撑物。人们在早秋采摘胡椒,然后制成干胡

k

图为《马拉巴尔的花园》中展示的黑胡椒。这本由亨德里克·万·雷哈德（荷兰东印度公司的殖民地官员、博物学家）构思并监督出版的图书极具创新性，它展示了超过700种影响亚洲第一植物群的热带植物。这本书中的拉丁文均有当地的植物名做注释，如康康语、阿拉伯语和马拉雅拉姆语。

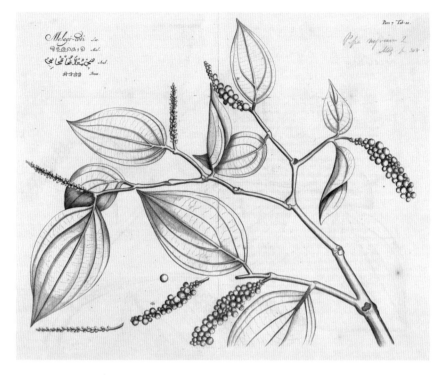

椒。胡椒采摘干燥的时间与季候风来临的时间相吻合，这样出口商就可以借助季候风返程回欧洲。

在古希腊罗马时期，这两个国家均对胡椒十分珍视，并了解到胡椒有黑胡椒和白胡椒两种形式。白胡椒仅仅是更加成熟的黑胡椒去掉外壳后的产品。罗马作家抱怨他们的收支出现不平衡，因为他们只能用黄金来支付他们购买的大量胡椒。希腊人也食用荜拔（*Piper longum*），俗称"长胡椒"。长胡椒的辣度更高而且价格更贵，人们曾错误地认为它和胡椒是同种植物。长胡椒的原产地为印度东北部，直到17世纪，长胡椒在欧洲仍受到重视。两个世纪之后，厨师在使用比顿先生的经典食谱（1861年）时，也需要胡椒做原料。但胡椒在西方的地位有所降低，因为美国辣椒与胡椒的辣度一样，而且比胡椒更容易获得，可以在欧洲种植生长。

黑胡椒这种香料被广泛进行贸易，而且全球对它的需求源源不绝。即使是在中世纪，在欧洲就能买到黑胡椒，但因为运输成本高，黑胡椒的价格昂贵。在菜单中也经常能看到黑胡椒的身影，而且它的医药价值也饱受好评，正如它为食物增添口感一样。黑胡椒可以化痰、暖身、治疗胃胀气。

对这三种香料的生产控制与它们的运输、贸易同样重要。荷兰人为了巩固他们在香料岛的垄断地位，毁灭了鲁恩岛上的所有肉豆蔻树。不幸的是，这同时也减少了基因多样性。植物间谍行动是世界范围内一种长期存在的做法，肉豆蔻与丁香被偷运出它们的原产地，移植到其他地方。早在公元前，胡椒便从印度出口到印度尼西亚，这也意味着欧洲的船只可以在装载完肉豆蔻和丁香之后，再沿建立的海路装载胡椒回航。

　　尽管肉豆蔻、丁香及胡椒都适宜在温暖的气候下生长，但在全球化和市场需求的促使下，这几种香料在许多国家被当作商品植物进行种植。香料的种植范围越广泛，越多的国家想要控制它们的生产，这样它们在国际市场上的价格就越难控制。位于印度西部的格林纳达与印度尼西亚同时种植肉豆蔻，而马来西亚、巴西及印度也都建有胡椒种植园。在20世纪，丁香被引进到桑给巴尔岛，但那时真菌病肆虐，席卷了整个丁香产业。这使得丁香的原产地印度尼西亚成为世界上丁香的主要生产国与消费国。在这里，丁香粉末与烟草混合后被填充进雪茄。

上图：一条用肉豆蔻和丁香串成的天然项链，是英国皇家植物园经济植物园的收藏品。

左图：肉豆蔻的叶子、花及果实。尽管肉豆蔻是南太平洋摩鹿加群岛和班达群岛的本地植物，但是这组画是由玛丽安娜·诺斯（Marianne North）在牙买加画的。在 2004 年伊万飓风袭击岛上种植园之前，西印度群岛中的格林纳达岛（"香料之岛"）是最主要的香料产地（仅次于印度尼西亚）。

辣 椒

Capsicum spp.

有人喜欢火辣的口感

尽管其自然生长的范围从秘鲁延伸至巴西，但朝天椒（*Capsicum baccatum*）最初可能是在玻利维亚培育的。南美洲人民称其为"阿基（aji）"，它有奇妙的香味和独特的味道，并具有商业价值。

阿兹特克族有一种和胡椒很像的植物，可以作为调味品，他们称它为辣椒，而且他们不论吃什么都要搭配辣椒。

——"匿名的征服者"，《有关新西班牙的一些事物的叙述》，16 世纪

像中等大小的甜椒（*Capsicum annuum*）或更辣的三樱椒（*C. frutescens*）那样有很强的味觉冲击的植物很少。辣椒是塔巴斯科辣酱油的原料。辣椒有辣味是源于一种叫作辣椒素的生物碱。像其他植物的生物碱一样，辣椒素逐渐形成是为了防御捕食者的侵袭。大部分生物碱存在于辣椒籽中，因此，如果去除了辣椒芯和辣椒籽，辣椒的辣度就会大幅下降。因为辣椒素不溶于水，因此喝水并不能减轻吃完辣椒之后的灼热感。

中美洲有野生的甜椒，这种甜椒受到阿兹特克人的赞誉。以栽培地种植的三种植物（玉米、菜豆、南瓜）为原料的炖汤，在加入辣椒之后，口味更加丰富。而且巧克力中也可以加入辣椒。"辣椒"这个词来自于阿兹特克族的纳瓦特尔语，早在公元前7,000年，人们便收集野生辣椒，到公元前4,000年，辣椒得以被种植。到西班牙殖民时期，辣椒发展形成了各种各样的大小、形状、颜色及辣度，同时，它被传播到北美和加勒比群岛。哥伦布第一次到达新世界时见到了辣椒，他曾认为辣椒就是东印度的胡椒，而且他已经找到了到达这些岛屿的西部路线，但圣多明哥的泰诺族使用辣椒的方式证明哥伦布的看法是错误的。尽管这两种植物没有什么联系，但是"pepper"这个名字已成为甜椒的俗称，特别是那种较大较甜的品种。

哥伦布的医师迭戈·阿尔瓦雷斯·切昂卡（Diego Álvarez Chanca）将辣椒带回西班牙，立即受到了一部分人的追捧。辣椒很容易在西班牙种植，这立即给以黑胡椒交易获利的商人敲响了警钟。欧洲的船员很快将这种口感新奇的植物传播到亚洲、非洲以及巴西。辣椒很快成为印度食物的重要食材，人们甚至已经不记得辣椒其实只是新加入的原料。文艺复兴时期的博物学家莱昂哈特·福克斯（Leonhart Fuchs）甚至认为辣椒的原产地就是印度。

辣椒不仅仅是饮食中的新成员，同时也具有医药价值。和黑胡椒一样，辣椒性干热，具有祛湿抗寒的功效，但辣椒不可能成为医疗中的主力。现

图中展示了灯笼椒各种各样的形状、大小和颜色，它们的辣度可以由史高维尔辣度单位（SHU）来度量。这个单位由美国药剂师威尔伯·斯科维尔（Wilbur Scoville）于1912年量化设计。青椒的 SHU 指数为 0，因为它没有辣椒素，而长红椒的 SHU 指数则有 30,000—50,000。这巨大的差异反映了基因和生长环境对品种性状的影响。

在，辣椒主要是作为一种调味料种植，而墨西哥和印度是主要生产国。辣椒的种类有12种以上，在口味和辣度上差异很大。最新的辣椒品种大多是从甜椒种发展而来的。三樱椒籽常用于制作辣椒粉。辣椒粉（"paprika"来源于"piper"）是匈牙利饮食中的主要食材，也有不同的辣度和甜度。

除了甜椒与三樱椒，其他辣椒品种在产地就有自己独特的重要性，如在西印度备受欢迎的黄灯笼辣椒（*C. chinense*）。尽管它的英文名称包含"chinense"，但是这种辣椒并不来自中国，也不属于中国的主要品种。同时，虽然甜椒的名称中含有"annuum"，但它并不是一年生植物。在18世纪，当卡尔·林奈（Carl Linnaeus）给甜椒命名时，他是依据了它在欧洲生长的属性，也就是说，在热带国家，甜椒是两年生植物。

大蒜、洋葱、青葱、韭葱

葱属植物（*Allium* spp.）

地狱之火与硫黄？

> 还有，最亲爱的演员们，别吃洋葱和大蒜，因为我们要发出甜蜜的呼吸。
>
> ——威廉·莎士比亚，《仲夏夜之梦》（*A Midsummer Night's Dream*），
>
> 第四幕，第二场

当我们切大蒜（*A. sativum*）、洋葱（*Allium cepa var. cepa*）、青葱（*A. cepa var. aggregatum; A. oschaninii*）、韭葱（*A. porrum*）时，会有不一样的反应。洋葱、青葱与韭葱会使人流眼泪，而这四种植物都会在嘴里、汗液甚至是尿液中留下不易散去的味道。产生这种结果的原因是高浓度的有机硫化物，在超过800种的葱属植物中均能发现这种有机硫化物。在古代，硫是地狱之火和硫黄的原料，能够有效唤起葱属植物的潜在性质。

完整的植物组织能将硫固定成为稳定的硫化物（半胱氨酸亚砜），但是当植物细胞受到挤压时，如切碎或咀嚼，这些硫化物（特别是硫代亚磺酸酯）会变得不稳定，其中硫会与一种叫作蒜氨酸酶的酶相结合。切洋葱时人们最容易流眼泪，是因为洋葱中的硫挥发进入我们眼中，与眼内天然的水分反应溶解形成硫酸。这种进化结果也是为了防止植物被觅食者侵袭。虽然我们不喜欢流眼泪，但是生吃葱属植物时强烈辛辣的味道和烧熟后甘甜香醇的口味在这一千年来都受到人们的追捧，它们不仅可以作为前菜，也可以作为配菜调味品。

葱属植物是北半球植物（只有两个品种的原产地为南半球）。这种可食用的植物具有多样性，产地从干燥的亚热带一直延伸到北极圈以下。这也为粮秣征收员提供了大量的机会。大部分葱属植物集中生长在地中海盆地，横跨中亚、阿富汗及巴基斯坦，这些地区同时也是菜园植物的培育地。东亚也有一些其他品种，如叶葱（*A. fistulosum*）与野韭（*A. ramosum*）。

人们认为洋葱是最先在中亚种植的，尽管它的野生种的原产地至今并不明确。韭葱看上去来自地中海东部地区或亚洲西部。早在公元前3,000年，人们便开始种植库拉特韭葱（*A. kurrat*），为的是获取其叶子，之后种植韭葱（*A. porrum*）则食用其根部。早在公元前3,000年，中亚便首先在菜园里种植大蒜。之后游牧民族将大蒜带到了美索不达米亚和印度。大蒜的干鳞茎方便

Nach d. d. in horto Benary.

Chromolith. C.Severeyns, Bruxelles.

ERNST BENARY, ERFURT.

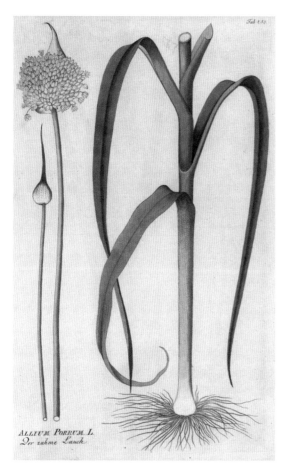

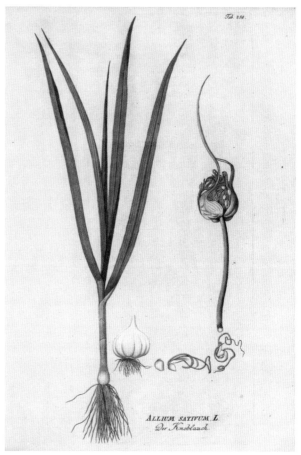

携带而且容易种植，单独一片蒜瓣就可以直接插入土壤中。

　　埃及人将洋葱球茎一层一层的外皮比作宇宙的同心圆，因此，埃及人会将洋葱放进木乃伊的体腔内，还会将洋葱置于圣坛，向洋葱宣誓。埃及人对葱属植物的态度很大程度上预测了他们之后的烹饪历史。大蒜、洋葱及韭葱是埃及工人日常食物的一部分，而且根据《圣经》中的描述，以色列人在摩西的指引下，穿越荒原，想要逃离束缚，但最终被捕，他们将自己的失败归因于葱属植物的气味。下层阶级也可以购买到葱属植物，但如果吃完大蒜，嘴里仍残留气味，那么埃及寺庙的祭司会禁止他们入内。因此葱属植物，特别是大蒜，好吃却气味独特。

　　希腊和罗马人也都喜爱大蒜强烈的特性，因此，大蒜也是工人、运动员、船员及士兵的日常食物，大葱为他们提供了活力和精力。也正因如此，在斗鸡比赛之前，人们也会给参赛的鸡吃大蒜。大蒜也有医药价值，可内服或外敷治疗一系列疾病，这大部分取决于大蒜明显的抗菌特性，虽然这种特征在当时并不能被理解。大蒜容易获得，便宜而且使用范围广，因此医师伽林（Galen，129—约210）称大蒜为"theriaca rusticorum"，即穷人的万能药。这个名称与伽林体液药一起流传下来。

与埃及人一样，希腊与罗马人，甚至古代的地母神西布莉也担忧口气问题，因此吃完大蒜有口气的人禁止进入地母神寺庙。而执行宗教祭祀的神职者——婆罗门也要避免食用大蒜。因为大蒜气味浓烈，容易使人在祈祷冥想时分心，而且会给食用者贴上下级的标签。

罗马人将烹饪用的葱属植物带到欧洲其他地方，并与当地的野生种虾夷葱（*A. schoenoprasum*）进行杂交。这些品种后来被种植于修道院和药材园中。有关葱属植物的烹饪方法很早就出现在烹饪书中，但它们在上流文化中的受欢迎程度仍不高，因为它们味道特殊，而且人们担忧它们强烈的灼热感对消化的影响。而大蒜一直以来都是造成口气的罪魁祸首。17世纪的日报记者约翰·伊夫林（John Evelyn）这样说道，女性或那些喜欢吃大蒜的人，只能稍稍品尝一点大蒜的滋味，如他们用蒜瓣轻轻地在盘子上涂抹，或转而食用气味相对较轻的洋葱。农民没有办法如此挑剔，或许他们才是最大的赢家。

地中海农民的美食中大量使用大蒜和洋葱，因此美味而又健康。葱属植物含有碳水化合物与糖分，能够增加法国洋葱汤与红洋葱酱的甜味，令人胃口大开。除了单糖、洋葱、大蒜，青葱与韭葱也含有较大量的复合糖（低聚果糖）。因为人们缺乏相应的酶，复合糖不能在大肠中消化，于是它们进入结肠，在那里它们被健康的肠道细菌发酵，有害物质被破坏，最后成为有益生菌的食物。葱属植物也能够防止血栓，有助于控制糖尿病，预防癌症。

对页图：左图和右图分别是韭葱和大蒜，均引自约瑟夫·雅各伯·普伦克（Joseph Jacob Plenck）的《药用植物彩色图谱》（*Icones Plantarum Medicinalium*）。这位澳大利亚医生、皮肤病学家编译了七本优秀的插图版药用植物书籍（1788—1792年），第八部在他去世后出版。书中对我们所熟知的这些食用蔬菜的总结提醒了我们它们的药用历史和不同种类之间的重叠。

芸 薹

Brassica spp.

食用绿叶蔬菜

> "是时候该好好谈谈了,
> 谈谈鞋子、船只与封蜡,
> 谈谈卷心菜与国王。"

——路易斯·卡罗尔 (Lewis Carroll),1872 年

芸薹属植物是一个庞大的植物家族。我们食用卷心菜和羽衣甘蓝这类绿叶蔬菜,芜菁(*B. rapa* subsp. *rapa*)和芜菁甘蓝(*B. napus* subsp. *rapifera*)这类根茎蔬菜,以及西兰花、菜花、球芽甘蓝与大头菜(甘蓝类的所有品种)等,但它们的魅力并不突出。或许是因为它们之间太过相似,因此人们对它们并不重视。这些蔬菜均带有一点苦味,在烹饪或打嗝时会发出硫黄的味道。但是德国的泡菜(大头菜泡菜)却别具风味。在俄罗斯,圆白菜汤是一道国菜。而现在荷兰的凉拌卷心菜则总是和美国的速食品一同售卖。在东亚,芸薹属植物很受欢迎,泡菜是韩国饮食中的重要组成部分,而且在近年来,大白菜与炒菜锅也开始进入到西方的厨房中。从黑芥(*B. nigra*)籽中提取的芥末是地中海地区的一种古老的调味料。如今,改良的油菜籽(*B. napus* subsp. *oleifera*)是世界上最重要的油炸作物之一,而且油炸后的残渣也可用作动物饲料。不同的芸薹植物有不同的味道和特征,特别的是,从史前觅食时期到工业化农业时期,人们使用过芸薹植物的几乎所有部位。

因为芸薹植物的基因组经历了复杂的历史,极具多样性,在培育历史上被多次改良。在芸薹植物的祖先出现之后的2,000万年里,一系列的杂交和基因复制行为使得芸薹植物的染色体总量大大增加,因此,在500万年前,芸薹植物便是四倍体植物。400万年前,一些芸薹品种从它们共同的祖先中演变出来,如可食用的芥蓝(*B. oleracea*)、芜菁及黑芥。2,000年前曾发生过最后一次品种间的自然杂交,一种拥有巨大基因组的油菜籽将其基因融入芸薹植物内。

尽管芜菁的菜叶和根茎也有使用价值,但早期培育芜菁是为了使用它的菜籽。公元前2,000年左右,当这种植物像杂草一样覆盖了原本用于种植谷物的土地时,人们便开始在大范围内进行有目的的种植,从地中海延伸到印

对页图: 引自《班纳利收藏集》(1879 年),图中画有既可供观赏又能食用的羽衣甘蓝,中间为棕榈树羽衣甘蓝,又称作"拉齐纳多羽衣甘蓝"(cavolo nero),它是一种古老的品种,如今再次受到大众的青睐。

下图: 金黄的油菜花将农业用地装点得金光灿灿。商用油菜品种中芥酸和苦味的硫代葡萄糖苷含量很低。在此之前,菜籽油是一种重要的蒸汽机润滑油。通过适当的改良,菜籽油可能会被制成环保的发动机润滑油重新回到大众视野。

度。之后，人们开始种植甘蓝并使用它的菜叶。野生芸薹属植物的原产地为欧洲的大西洋和地中海海岸。早期种植的芜菁与现代的羽衣甘蓝或芥蓝菜很相似，都没有显著的穗，但它们广泛地被凯尔特人、希腊人、罗马人及埃及人所食用。

卷心菜被认为有药用价值，享有较高的地位。根据老加图（Cato the Elder）公元前2世纪写的药物学，即使是卷心菜食用者的尿液也具有一定的价值，可用于外敷。罗马人将他们培育的细长的卷心菜品种带到了他们占领的土地。但是最后在欧洲种植的为密头卷心菜，这种卷心菜的菜叶紧紧包住了菜的根茎形成了它的菜心。蒲林尼在公元1世纪就曾描述过卷心菜，但他可能并没有吃过它们。卷心菜在炎热的气候下并不能很好地生长，因此在中世纪之前并没有广泛传播到欧洲。

当人们开始尝试栽培植物的不同器官并利用它们内在的多样性时，不可避免地，培育的品种继续与野生品种进行杂交。在意大利南部，西兰花与西西里岛的花茎甘蓝类植物杂交得到菜花，尽管有人认为菜花的原产地可能为塞浦路斯。这两个品种顶端群生花蕾，因为在花苞阶段，营养物（用于花朵生长）的含量最高。大头菜根茎肥大，在16世纪第一次出现在德国。有历史证据表明，在13世纪，球菜甘蓝出现在与之同名的城市——布鲁塞尔。可能芸薹植物与其他植物区别最大的地方就是它的味道。球芽甘蓝在15世纪不断出现在勃艮第的宫廷婚宴的菜单中，圣诞晚宴中的这种改变在19世纪的欧洲国家变得十分重要。在欧洲新鲜的（或腌制的）卷心菜美食变得十分受欢迎。冬季庆典也让人们意识到这些绿叶蔬菜可以在冬季最寒冷的时候存活下来。

一种"最早的实心红色埃尔福特"卷心菜。埃尔福特位于德国中部图林根盆地，因其悠久的蔬菜种植历史而闻名。

尽管芸薹植物在今天仍十分重要，但在中国北方早期种植中，它并不是最重要的绿叶蔬菜。而多年生植物锦葵（*Malva sylvestris*）则担当了此重任，它外表湿滑有黏液，这也弥补了它缺少植物油的劣势。随着植物油提取技术的提高，同时越来越多芸薹属植物可以常年生长并为人们提供食物，锦葵便逐渐被人们遗忘。这些芸薹属植物随后也传播到东亚并与当地的品种杂交。

芸薹属植物有苦味，这表明植物中带有毒素。我们的味蕾能感觉到苦味，但敏感度远不如我们的祖先，他们在学会用火烧煮食物时仅靠自己的味蕾便能感知食物是否有毒。不喜欢芸薹属植物的人仍然无法接受它的苦味。芸薹属植物富含含硫的芥子油甙。当植物被切碎、烹饪及与人类的肠道菌群发生反应时，其组织会遭到破坏，酶会将芥子油甙分解释放出不稳定的

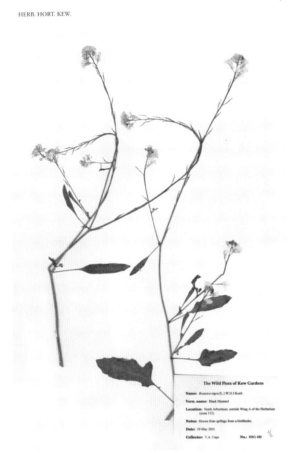

HERB. HORT. KEW.

The Wild Flora of Kew Gardens

Name: *Brassica nigra* (L.) W.D.J.Koch

Vern. name: Black Mustard

Location: North Arboretum, outside Wing A of the Herbarium (zone 113)

Notes: Grows from spillage from a birdfeeder.

Date: 19 May 2011

Collector: T.A. Cope   **No.:** RBG 480

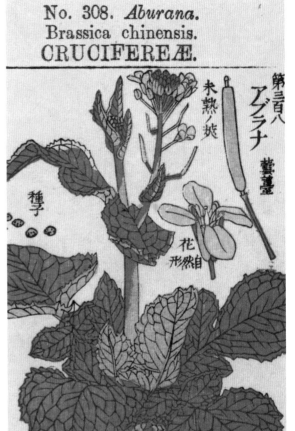

No. 308. *Aburana.*
Brassica chinensis.
CRUCIFEREÆ.

硫，产生气味，并产生芥子油和异硫氰酸酯，这能使植物具有辛辣感并有助于赶走觅食者。近期调查显示，芸薹植物也能预防癌症。这样看来，妈妈的话一直以来都是正确的——多吃绿色蔬菜！

左上图：黑芥末种子的标本。黑芥末是欧洲和亚洲的调味品，它的种子曾是印度河流域度量系统中的一员。

右上图：选自《日本有用的植物》(*The Useful Plants of Japan*，1895)，图中植物为油白菜(*Brassica chinensis*)，日本名为"Aburana"。该书由大日本农会出版，告诉读者小白菜不仅用于制作食用油和照明，它的花蕾和叶子可以煮着吃，还可以腌制。

芦 笋

Asparagus officinalis

从古流传至今的美食

在所有的菜园植物中，芦笋是最需要细心照料的植物。

——蒲林尼，公元1世纪

种植的芦笋，引自杰勒德所著的《草本志》(*Herball*，1633)的绘图版。其他饲料植物未成熟的茎，比如野生或栽培的啤酒花也是可以食用的，但芦笋的理想食用状态是春天时的幼笋。

培育的芦笋自初次移植到菜园时便被认为是一种美味。芦笋是一种多年生植物，当到芦笋的应季期时，人们需要每天人工采摘收割芦笋。每一株植物均有一个8周的采摘期，在采摘期之后，芦笋便需要有一个不受任何干扰的生长环境。制作苗床需要花费3至4年的时间，在此期间几乎产量为零，但苗床一旦制作完成，在未来的20年里能够一直保证其产量，根据品种生长出绿色或紫色的嫩芽（在培土的作用下也能生长出白色的品种）。芦笋适宜生长在精选的土壤中，需要定期施肥，而且在除草时需要格外小心，以免伤害到地底下的根冠。

罗马作者加图（Cato）在他的著作《细说农业》（*On agriculture*，公元前160年）中就给出了与上文相似的种植芦笋的建议，在他的书中，人力并不是一个问题，因为他给出的种植方法适用于那些雇佣奴隶进行采摘收割的芦笋种植园，在那时，种植与购买芦笋都需要花费大量财力。加图将这种种植方法添加到他著作的附录中，为读者揭露了罗马的菜园的全新的一面。培育芦笋的起源并不明确。可能在地中海东部或小亚细亚，野生芦笋的收集者注意到每年春天采摘嫩枝可以增加单株植物的产量。芦笋（Asparagus）是从波斯语"asparag"演变而来的，意思是植物幼芽。令蒲林尼欣喜的是，野生芦笋（*A. acutifolius*）很容易获得。有人认为较细的野生芦笋比菜园种植的较肥大的芦笋要更有优势，味道也更浓郁。

尽管穆斯林地区一直继续种植菜园芦笋，但是当罗马没落后，这种芦笋也逐渐消失了。不过，芦笋在药用方面仍有一定的价值，特别是在修道院里。芦笋煮过的水有激发性欲的作用，但是更多使用的是它的种子和根部，特别是根部。芦笋根部煎剂可作为利尿剂，但这也引起了一些麻烦。16世纪意大利人亚历山大·彼得罗尼奥（Alessandro Petronio）对芦笋对身心有益这一点并不认可。他给出的理由是，因为芦笋让尿液变得又脏又臭，所以它在人体内严重腐烂，对身体有害。尽管其他人也同意他的说法，但芦笋仍越来

1. The Grass.
2. Flower
3. Flower separate.
4. Berry
5. Seed.

Sparagus.   Asparagus.

Eliz: Blackwell delin. sculp. et Pinx:

芦笋的植株、花、浆果和种子。在伊丽莎白·布莱克威尔（Eliza-beth Blackwell）出版的《有趣的草药》（*A curious herbal*，1737—1738/39）一书中出现了 500 种药用植物，她一一刻画、上色，图中的芦笋就是其中的一种植物。她之所以接下这个繁重的任务，是为了攒钱帮助她身负债务的出版商丈夫出狱。她描绘了伦敦切尔西药用植物园中的植物。

越受欢迎。法国君主路易十四在凡尔赛认可了芦笋的价值。日记作者塞缪尔·佩皮斯也曾报道过食用和采摘他所谓的"麻雀草"。芦笋的气味是由于硫化合物二硫代二甘醇酸分解而产生的，但是好像仅仅只有一些人能够分解这种酸并产生气体，而且只有一些人能察觉到这种气味。

在冷冻空运技术兴起之前，新鲜的芦笋只能近距离运输，因为芦笋的新鲜度下降得很快，口感也流失得很快。几个世纪以来，芦笋的滋味一直让人捉摸不透，这源于它需要人们调动第五种基本味觉——鲜味。尽管东亚从很早以前就听说过鲜味这一味觉，但到近期才广泛接受这种和酸甜苦辣并存的鲜味。在 1912 年，日本化学家池田菊苗（Ikeda Kikunae）让持怀疑态度的观众想象一下芦笋、番茄、芝士或肉之间的相同点。它们的共同点就是具有鲜味，鲜味并不容易解释，但就是一种好吃的、令人开胃的味道。池田认为鲜味来自于氨基酸谷氨酸脂，而芦笋中则含有大量的氨基酸谷氨酸脂。

啤酒花

Humulus lupulus

啤酒中苦味的来源

> 啤酒花生长时需要攀附其他物体，如抱杆、栖木等，它的花朵一簇一簇垂坠下来，并散发出浓烈的气味。
>
> ——约翰·杰勒德，1636 年

啤酒花的原产地横贯欧洲进入中亚，最后延伸至阿尔泰山脉。这种多年生草本植物每到春天便会从地底下广阔的根状茎中长出新的幼芽。公元1世纪，据蒲林尼在《自然历史》（*Natural History*）中记载，人们食用啤酒花柔软的幼芽和新生的叶子，现在在欧洲部分地区，啤酒花幼芽仍是一种美食。

啤酒花的医药价值也已具有一定的历史，这与啤酒花雌株上花序或球果的苦味有关（啤酒花为雌雄异株植物，雌花与雄花分别生长在不同的株体上）。球果由苞叶组成，在球果基部有一腺体可以产生啤酒花抑菌素和蛇麻酮这类苦味酸。啤酒花药剂能够穿过不健康的黏稠的体液，净化身体并恢复体液流动，但是啤酒花也会使人产生忧郁感。

啤酒最早使用的时间和方法已无法得知。如果啤酒花被加入到麦芽浸泡液或麦芽汁中，这种混合物在发酵之前就已经沸腾了，能起到杀菌的作用。沸腾时的热量将啤酒花中的酸释放出来，与麦芽谷物中的蛋白质进行反应，使啤酒质地更加纯正。与此同时，不断反应而产生的抑菌作用能防止混合物变质。正是因为这个原因，所有的商业啤酒中都会加入少量啤酒花。就算是不需要有浓烈啤酒口感的啤酒中也需要加入少量。

加入了啤酒花的啤酒可以长时间保存，这也意味着酿酒可以从当地业务转变为可行的贸易活动。到13世纪，德国的不来梅港市与佛兰德斯及荷兰进行频繁的出口贸易。14世纪英国进口啤酒，主要出售给德国和荷兰后裔。亨利八世并不喜欢这种啤酒，但之后的都铎君主支持啤酒花的生产，旨在为军队供应食物：因为加入了啤酒花的啤酒有提神功效，而且方便携带，来源干净。1620年底，"五月花号"船在横跨大西洋之后情况有所恶化，清教徒们选择在新普利茅斯定居而不是继续前行，其中一个原因就是缺少啤酒。

北美拥有自己的啤酒花品种（*Humulus lupulus var. lupuloides*），但1630年左右，欧洲品种在北美拥有了一定的市场。这种欧洲品种被出口到北美之后

通常啤酒花的生长环境是桤木和橡树聚集的湿地。约6,000年发生的气候变化和人类活动,使啤酒花茂盛地生长在林地边缘、沼泽底部以及篱笆旁,这也使啤酒花的收割变得更加方便。

HUMULUS LUPULUS.
Der gemeine Hopfen.

Tab. 707.

就在北美定植,成为帝国和移民项目的主要农作物。原产于印度的麦酒,从18世纪开始从英国出口。在热带气候的作用下,麦酒更加成熟,而且在远航的过程中增加了一种特殊的口感。19世纪后期,拉瓦尔品第生产莫里啤酒的企业家,以及克什米尔与喜马偕尔邦的啤酒花种植者都向英国皇家植物园咨询有关种植的建议。

适量的啤酒有催眠的作用,但是如果你不想通过喝啤酒来达到催眠的效果,也可以借助啤酒花枕头达到同样的效果。

《柯蒂斯植物学杂志》（1828年）中的秘鲁番茄。这种"花朵巨大的番茄"是秘鲁和智利的本土作物。尽管它不会与美国番茄（*S. lycopersicum*）自然杂交，但是生物遗传技术则可以让研究者探索这种野生番茄的抗病和抗虫性。

番 茄

Solanum lycopersicum

爱情的苹果

在番茄被发现前意大利人是如何食用意大利面的？

在意大利是否有像那波里披萨那样番茄含量较少的披萨？

——伊丽莎白·戴维（Elizabeth David），1984 年

有些水果常常被人误认为是蔬菜，而原产于南美西部的番茄就是其中之一。可能因为安第斯山脉的人曾将番茄看作是一种无用的杂草，因此番茄种子被传播到中美洲后（一部分由鸟类携带传播），便先在这里种植了。原始的番茄所结的果实较小、像樱桃一样，但是到16世纪西班牙殖民时期，番茄的大小、颜色及结构变得更加多样，而且番茄开始能在阿兹特克市场购买到。阿兹特克人生吃番茄，或将它与辣椒混合制作成一种辣酱。番茄的英文"tomato"一词就是从阿兹特克语演变过来的，尽管在早期的描述中，人们经常将番茄与很多酸浆属植物弄混。酸浆属植物是阿兹特克人常食用的一种当地植物，果实又小又绿。

西班牙人在品尝过番茄之后，便喜欢上了它的味道，并将它的种子带回欧洲。但是番茄并没有立即广受欢迎，其中一个原因是番茄的叶子不可食用，这一点类似于有剧毒的茄属植物（颠茄）。而另一种同属茄科的植物为马铃薯。一位早期的博物学者将番茄与曼德拉草归为一类，可能是因为它们的根部有一定的相似性。因此，番茄也被认为有一定的激发性欲的作用。

番茄在意大利更受欢迎，逐渐成为饮食中的主要食材，并慢慢传播至地中海国家和更北部的国家。在这些北部国家，番茄主要是以装饰作用为主。土耳其人将番茄带到黎凡特和巴尔干半岛国家。到19世纪，意大利的番茄贸易开始商业化，并被引入美国。番茄是番茄酱的主要原料，"番茄酱"一词来源于中文，原意是辣鱼酱。尽管番茄酱与辣鱼酱毫无关系，但是番茄酱仍成为最重要的调味品。

尽管番茄被发现的时间较晚，但现在已成了一种全世界范围内备受欢迎的食物。番茄在16世纪被菲律宾人引入中国，直到20世纪才开始大量种植。如今中国已成为世界上最大的番茄生产国。英国人在18世纪将番茄引入印度，而现在印度已成为世界上第二大番茄生产国。番茄最初只是少量种植以

《班纳利收藏集》(1879年)中一系列不同的番茄。这些番茄中有很多种被认为是传家宝或遗产，并不会用于商业种植。墨西哥纳瓦人称其为"tomatl"，意思是"结球状、多汁果实的植物"，图中的这些品种均名副其实。

供欧洲人食用，但是以番茄为原料的美食现已成为印度美食中的一部分。事实上，除了马铃薯之外，番茄是全世界生产范围最广的植物。

番茄具有商业价值，因此人们进行基因研究来增加番茄产量、提高抗药性、改变果实颜色，并增加番茄外皮的厚度使它便于运输和保存。可惜的是，这种改良却影响了番茄的口感，在超市出售的番茄为四季水果，味道远不及原先的品种。番茄独特的口感和成熟番茄所散发出的气味均来自番茄内的一系列化学物质，如可挥发的芳香剂、酸及糖分。其中一些化学物质在商用番茄品种的培育中已消失。尽管转基因番茄实验在20世纪90年代就已经结束，但科学家们仍尝试重新培育番茄，使这些化学物质重新出现。因为运输原因，商用番茄在未成熟前便被采摘，仍呈绿色。在售卖之前，商家会喷洒乙烯（果蔬成熟过程中自然产生的一种化学物）催熟。因为这个原因，越来越多的人更倾向于购买传统番茄这种较原始的品种。

治愈与伤害

寻找其中的平衡点

罂粟被划破的种子顶部。其干燥后的汁液可以用来生产药物。

　　自人类有历史记录以来，植物便发挥了一定的医疗作用，成为一些疗法的基础（当然在有历史记录之前，它们同样也发挥了自己的作用）。本章中提到的植物，几乎所有都在某时、某地被一些人用来减轻折磨他们的疾病或伤害。这章中所涉及的植物均含有对人体能产生特定生理效应的化合物，而其中有一些植物在现代医学科学中仍十分重要。

　　任何东西，在某些特定场合下可以变成毒药，因此我们需要妥善判断植物的治愈作用和危害作用之间的平衡。咖啡因是一种生物碱，从南美植物古柯（*Erythroxylum coca*）中提取。古柯是当地使用的一种强力麻醉剂，但同时也是国际毒品交易中谋取暴利的主要产品。鸦片从罂粟花中提取，能够有效减轻疼痛，同时它也是另一种实用的药物吗啡的原料。但是讽刺的是，罂粟也是海洛因的原料，而海洛因则因为致瘾性较小而成为吗啡的替代品。

　　柳树作为一种药物已有一定的历史，此种植物中用于医疗的成分经过一些加工后可以生成阿司匹林。芦荟是家庭药箱中的一种常用药品，同时也是许多化妆品的成分。大黄的根部可制成泻药，但是现在，大黄对人们来说更多的是一种早春水果。柑橘属水果在欧洲大量种植的历史并不长，但它预防和治疗坏血病的功效却受到了人们的青睐。坏血病主要发生在长期海上航行的水手和那些生长在

内陆，缺少越冬饮食的人身上。

马钱属（*Strychnos*）中来自亚洲和南美的两个品种会产生一种物质，使该植物从有利变为有害。但这并不妨碍亚洲品种的马钱子（*S. nux-vomica*）成为一种补品并享有悠久的历史。植物中的活性成分马钱子碱也被用作老鼠药和毒药。同时南美洲生长着一种植物，名为箭毒马鞍子（curare），它能麻痹肌肉导致死亡，然而在缓解箭毒马鞍子的药物被发现之前，它就已经被用于手术中了。古代印度医生使用萝芙木（*Rauvolfia*）治疗毒蛇咬伤和其他疾病。萝芙木中的活性生物碱蛇根碱能够降低血压，曾在西方使用过一段时间。它同时对精神疾病也有一定的作用，但是和箭毒马鞍子一样，它随后便被其他药物所替代。此外，产自南美的奎宁和产自中国的青蒿素现在仍是对抗疟疾这种现代杀手的良药。

植物也可以产生类固醇，像墨西哥山药就是廉价类固醇的主要来源，这种类固醇主要用于制作避孕药（俗称口服避孕药）。避孕药可以称得上是过去50年来最重要的医学发明之一。当然，避孕药的生产需要借助现代的化学反应进行加工。产自马达加斯加岛的长春花也需要经过一系列的化学反应才能用于治疗儿童白血病。

左上图：印度艺术家所画的马钱子，该画家受雇于外科医生、植物学家威廉·卢克斯堡，帮他绘画18世纪80年代到90年代在曼德尔东海岸的科罗曼德尔所收集的植物。

右上图：非洲南部温室中众多芦荟中的一种，在植物学家意识到芦荟品种的多样性，但未为其命名前便已被人知晓。该画出自 G. K. 诺尔（G. K. Knorr）的书籍《全球草药词典》（*Thesaurus rei herbariæ hortensisque universalis*, 1770—1772）。

罂 粟

Papaver somniferum

快感、痛苦与上瘾

> 所有她的朋友都劝她远离鸦片，以免深陷其中无法自拔，但是她悄悄告诉我，她宁愿选择离开她的朋友。
>
> ——乔治·杨（George Young），1753 年

虞美人（*Papaver rhoeas*）通常为红色，原产自欧洲，因为其生长覆盖范围广，成为一种美丽的农业杂草。罂粟（*P. somniferum*）通常为白色，能够使人精力充沛，因此一直以来，人们都有意种植罂粟并将其制成鸦片。事实上罂粟是人们最早培育的植物之一，最初在地中海西部种植，被新石器时代的人们所熟知并深受早期地中海文化的认可，如埃及、（希腊）克里特岛、希腊以及罗马文化，同时罂粟的使用范围也延伸至东方国家印度。希波克拉底（Hippocratics，公元前5到4世纪）建议使用罂粟来减轻疼痛、治疗腹泻和其他疾病以及助眠。迪奥斯科里季斯（Dioscorides）是公元1世纪最权威的医师，他认为鸦片性凉，对热症有一定的帮助。

收割罂粟并不是一件容易的事，需要在适当的时机在未成熟的罂粟壳上面用竹板或铜片划一周，等一分钟后提取最纯的鸦片原汁（俗称土鸦片）。土鸦片需要仔细收集，在太阳下晒干后再进行水煮。经过这一系列程序，原来黏稠的白色的汁水变成了褐色的糊状物，之后再在阳光下晾晒，得到褐色的、黏土状的物质。经过加工后的所得物鸦片含量更高，而且容易塑造成糕状或柱状以便运输。这种方法相对比较陈旧：塞浦路斯人（Cyprus）制作小型的陶器，并将鸦片装在里面出口至埃及和其他地方。这种小陶器就像一个倒着的罂粟花壳，为了模仿收集土鸦片时罂粟壳上的划痕，人们会在器身上画划痕或划一道口。

众人皆知，吸食鸦片之后可以得到一种快感，但同时，我们也知道吸鸦片上瘾之后，为了获得与之前相同的快感就必须要不断增加吸食的剂量，这也造成了吸毒者对鸦片的依赖性。吸食鸦片过量会导致死亡，而且毫无疑问的是，鸦片也被用作杀人工具，古罗马暴君尼禄（Nero，37—68）就曾这样使用鸦片。受人崇拜的君主马可·奥里乌斯（Marcus Aurelius，121—180）也定期吸食鸦片，他的私人医师是伽林（古希腊名医及有关医术的作家），

对页图： 罂粟在16世纪开始变得流行，原产于亚洲，经人工培育，进化出不同的颜色和形状。土耳其是种植罂粟的主要地方。该图为红指罂粟水彩画，引自德国人塞巴斯蒂安·舍德尔（Sebastian Schedel）的《日历》（*Calendarium*，1610）。该书每月一记，记录时间遵循罂粟的花期。

上图： J.J.格兰德维尔（J.J.Grandville）所著《花样女人》（*Fleurs animées*）中的罂粟。图中的罂粟女神抛洒它的种子，并安抚昆虫睡觉。所附诗歌《夜曲》（*nocturne*）的作者为塔克西勒·德洛尔（Taxile Delord），他写道：罂粟不仅可以带来平静的睡眠，还能使人麻痹。浪漫主义诗人柯勒律治（Coleridge）和德·昆西（De Quincey）都曾使用罂粟来提高他们的创造力。

因此，他可以很好地控制吸食的剂量并始终保持清醒的自我意识。鸦片对吸食者的影响因人而异。

鸦片是医生在医疗中使用的一种主要药物，因此大多数鸦片上瘾者第一次接触它时都是通过药物的形式，之后几乎每次犯病都需要使用鸦片治疗。欧斯洛爵士（William Osler）是19世纪加拿大的医师，他将鸦片称作"上帝的自留药"，而且他认为治疗晚期肺结核的方法只有四个字"鸦片与欺骗"。帕拉塞尔苏斯（Paracelsus）是16世纪的医生和炼金术士，他生活在这个不断进步的时代，摈弃了许多传统的医疗知识，但他仍坚信鸦片是一种最有效的治疗药物。他创造了一个术语"鸦片酊"，这个术语在17世纪因为托马斯·西德纳姆（Thomas Sydenham）撰写的食谱而变得标准化。食谱中这样写道：将鸦片与红酒混合，以番红花、丁香及肉桂为香料。西德纳姆对鸦片研究充满热情，也被称为"鸦片哲人"。

在18、19世纪，一些获得专利的药物，如止痛发汗粉、兴奋剂及万能药剂，均含有鸦片成分（通常也含有酒精）。这些药物相当于一种万能药，能治疗所有疾病，同时也能起到镇静的作用，让小孩变得安静。鸦片的非正规交易一直持续到19世纪，成为庸医、药房老板以及药剂师的主要收入来源。

鸦片会使人上瘾，这也引起了一些社会和法律问题，即使是像著名的诗人托马斯·德·昆西（Thomas De Quincey）一样的文人、政治家，以及其他社会各阶层、各职业、不同性别的人都对鸦片产生了身体和精神上的依赖。同时，政府也注重鸦片交易带来的进口收入，这点在英国殖民地印度尤其显著。印度和土耳其是鸦片的主要来源地，在欧洲进行交易的鸦片一般来自土耳其，印度也大量种植鸦片罂粟，不仅供当地使用也不断出口到中国。从18世纪开始，中国便建立了鸦片市场以满足社会需求，因为早期鸦片在中国的使用是以医疗为目的的。因为鸦片会导致一种依赖性，中国政府在19世纪立法禁止鸦片进口贸易和使用。两次鸦片战争（1840—1842年和1856—1860年）不仅仅与鸦片有关，还有效减缓了印度与中国之间的贸易。

与此同时，人们分析了土鸦片中所含的化学成分，于1804年提取出其中最有效的生物碱吗啡，并于几十年后进入市场。吗啡的名字来源于希腊睡梦之神（Morphues）。鸦片的衍生物可待因于1832年提取出，是现在最广泛使用的药物。可待因的发现使得制药界能够在市场上提供几乎纯质的药物。从化学角度来看，海洛因源自吗啡，于1989年被发现，并被认为是吗啡的替代品，相对安全。19世纪50年代，注射器的发展使得鸦片剂（和其他药物，如可卡因，另一种植物提取物）的刺激效果更加显著，并增加了上瘾的概率和对鸦片的依赖

布里吉德·爱德华兹（Brigid Edwards）所画的罂粟种球。其干燥的种皮的功能就像胡椒粉盒一样可以将种子从小孔中洒出。这种天然的结构为古代的首饰和陶器的创作提供了灵感。公元前2,000年很多小壶从塞浦路斯出口到埃及、叙利亚和巴基斯坦，后来它们的形状便开始模仿罂粟壳，如今很多保存下来的文物均显示出它们是用来储存鸦片的。

Papaver somniferum.

一种传统的白色罂粟。希腊医生伽林高度赞扬了这种"奥林匹克胜利者的黑药膏"的优点。这种药膏含有鸦片，干燥后变得具有弹性。它成了缓解身体，尤其是眼睛的周围疼痛和肿胀的外用药。

性。随后各国甚至是国际上都行动起来控制鸦片剂和其他成瘾物质的出售及使用。

20世纪开始的"毒品战争"并没有获得显著的成功。将鸦片作为处方药或完全将鸦片列为违法药物仅助长了鸦片的黑市交易与使用，为犯罪分子创造了一个压榨市场的机会。据估计，每年鸦片黑市交易额达3500亿美元。20世纪80年代，因为共同使用不卫生的针头注射毒品，艾滋病和其他疾病的患病率上升，引发了许多健康问题。阿富汗现在是鸦片的主要生产国，而亚洲南部的金三角国家和哥伦比亚也在鸦片市场中占据一定的份额。吗啡和可待因仍被广泛应用于医疗中，但是鸦片利弊的天平仍摇摇晃晃，令人担心。

Tab. 131.

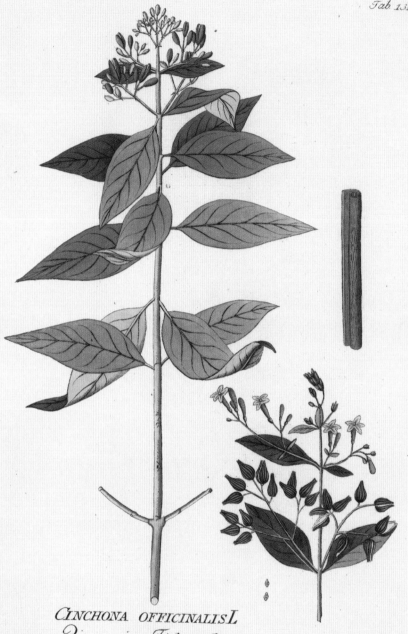

CINCHONA OFFICINALIS L

Die gemeine Fieberrinde.

金鸡纳属、蒿属

Cinchona officinalis, Artemisia annua

战胜疟疾

金鸡纳树皮成为我的救命稻草。

——托马斯·西德纳姆，1680 年

"树皮"是一种从金鸡纳属中提取的药物的简称，其历史可以追溯到200多年前。金鸡纳属包括大约40种常绿植物，其原产地为南美安第斯山脉。金鸡纳属下的金鸡纳草（*C. officinalis*）、红金鸡纳树（*C. pubescens*）以及培育变种奎宁树（Ledgeriana）均储存着大量的生物碱，其中奎宁和奎宁丁具有极其重要的作用。

对南美的本土居民来说，金鸡纳树皮意味着"树皮的树皮"，即树皮的外层。在哥伦比亚发现新大陆前，秘鲁和安第斯山脉其他地区的居民就发现了金鸡纳属树皮的医用价值。尽管我们现在知道疟疾是由蚊子传播的，而南美那时已有蚊子存在，但只有欧洲人携带疟疾病毒。据传在1638年，西班牙的一位伯爵夫人钦琼（Countess of Chinchon）来到秘鲁后，因感染疟疾而引发高烧，她使用当地偏方金鸡纳树皮治疗得以痊愈。虽然此事的真实性有待考证，但林奈（瑞典博物学家）对此深信不疑，且在为金鸡纳属建立植物名称时，以伯爵夫人的名字为其命名。不过，林奈将伯爵夫人钦琼的名字"Chinchon"误拼为"Cinchona"，并一直沿用至今。西班牙的医师和传教士们意识到金鸡纳树皮具有治疗间歇热（即疟疾）的价值，遂将这种新药运回疟疾肆虐的欧洲。

一位极具胆量的英国医生在法国的宫廷中试用了这种针对高烧的新式药物，使其在17世纪名声大噪。人们对这种新式药物的称呼有很多种，如"秘鲁树皮"、"耶稣会树皮"，或直称为"树皮"。当时，针对高烧的诊断和治疗仅仅只是依赖临床症状和医生个人的临床经验，而树皮的质量也参差不齐。然而，对于被西班牙殖民的秘鲁来说，这是一个巨大的收入来源，因此他们对金鸡纳树严加管控。

到了19世纪初，两位法国化学家约瑟夫·卡旺图

（Joseph Bienaimé Caventou）和皮埃尔·约瑟夫·佩尔蒂埃（Pierre Joseph Pelletier）将树皮中的有效成分——奎宁提取出来，使药物的用量变得更加可控。与此同时，由于欧洲对非洲和亚洲的殖民扩张，使得对奎宁的需求量非常大。英国人、荷兰人都热衷于将金鸡纳树的种子偷运出秘鲁。偷运种子的英国人背后是约瑟夫·道尔顿·胡克（Joseph Dalton Hooker），他在1865—1885年任英国皇家植物园园长，并具有在印度这个疟疾盛行的国家的丰富经验，他发现在印度种植金鸡纳树具有很大的潜力。而荷兰人则在爪哇岛种植自己的金鸡纳树。

植物间谍早期尝试而导致的闹剧，是将从不良品种中获得的种子经远航带回英国，从而遭受到了巨大损失。1816年，英国皇家植物园有了种子，并将这些种子大量运往印度。19世纪，人们用沃德式的密封玻璃罩盒子来运输植物。尽管对奎宁的需求量极大，但是建立在印度、锡兰（斯里兰卡）和爪哇岛的种植园还是缓和了奎宁供应紧张的局面。人们用传统的方法收集树皮，只削减树的一部分，以便它可以恢复原样，另外在加工处理前，会在太阳底下晒干树皮。

19世纪90年代末，英国微生物学家罗纳德·罗斯（Ross Ronald）和意大利动物学家乔凡尼·巴蒂斯塔·格拉西（Giovanni Battista Grassi）发现了引起疟疾的疟原虫的生命周期和疟疾是通过雌性冈比亚按蚊的叮咬进行传播的。这就可以解释在沼泽地区和热带地区疟疾肆虐的原因，因为在那里频繁的暴风雨为蚊子留下了繁殖用的水坑。控制蚊子是预防策略的一部分，而奎宁才是预防和治疗疟疾的必要因素。二战期间，奎宁的供应中断促使了其他合成药物的发展，这其中多数合成药物至今仍在使用。预防疟原虫菌株的奎宁不但能长期保持有效，而且可用于治疗某些病症。金鸡纳的另一种主要生物碱——奎尼丁，可用于治疗心律不齐。

不幸的是，引起疟疾的寄生虫产生了对疾病治疗一线药物的耐药性，但是在对抗疾病的斗争中，人们从植物世界中提取了另一种用于现代医疗的药物。黄花蒿是一种杂草，易生长在林缘的山坡上和因人类活动而被破坏的荒地上，它含有一种强大的抗疟化合物——青蒿素（qinghaosu）。地区战争和人口流离失所导致的疟疾肆虐东南亚，人们则通过注射和口服青蒿素及其衍生物来治疗疟疾。疟疾就像艾草一样，在混乱之中旺盛生长。

自公元前2世纪，青蒿（A. annua）就已是中国药典的一部分。它之所以在国际上名声大振，是因为越南战争期间越南请求中国在抗疟药物上对其进行帮济和当时的中国国情。现代科学从传统医书中取其精华，从而使得中国在医药产品上能够自给自足。1967年成立的"523项目"，旨在筛选如青蒿等

植物以获得潜在的防治疟疾的药物。药学家屠呦呦带领团队收集源植物，同时她也注意到了公元4世纪葛洪所著的《肘后备急方》中描写的原始的制药方法。葛洪是建议用青蒿来治疗"间歇性发热"的第一人，他的说明为后人提供了重要线索，即青蒿的提取过程中不宜使用高温。屠教授通过隔离植物提取物的活性成分，从而提取出了第一个水溶性青蒿素衍生物。

虽然当时世界上其他国家对于1979年中国研制出的抗疟疾新药持怀疑态度，但是现今各种青蒿素已成为世界卫生组织推行青蒿素联合疗法的主要药物，通过利用联合疗法来抑制寄生虫。抗疟药物和寄生虫这场猫鼠追逐战将会持续下去。

中国用来对抗疟疾的青蒿，引自 *Somoku Dzusetsu*（1874），图解展示了原产自日本、在日本种植和引进到日本的植物。该书的第二版由两位植物学家编辑，分别为田中吉野（tanaka yoshino）和小野本吉（Ono Motoyoshi）。他们参与了日本的现代化建设。田中被认为是"博物馆之父"，而小野则写了一本双语植物学词典。

萝芙木

Rauvolfia serpentina

古印度阿育吠陀药物（古印度草药疗法）

> 直到 25 年前，科学界才开始发现萝芙木的真正价值。印度的化学家和药学家在这方面做出了巨大的贡献，因为是他们最先分析了从萝芙木中提取的原液。
>
> ——尔格·A. 施耐德，1955 年

萝芙木属（*Rauvolfia*）通常拼写作"rauwolfia"，是一个包含200多个树木和灌木品种的大属，大量分布在热带气候地区。因为它们生长迅速，常常被看作野草。萝芙木属是以16世纪的德国医生和博物学者莱昂哈德·洛沃夫（Leonhard Rauwolf）的名字命名的，他游历了亚洲东南部，并且描述了许多植物和动物的新品种。尽管萝芙木属是以他的名字命名的，但他从未真正见过萝芙木属下的任何植物。

在印度，萝芙木也被称为蛇根木（Sarpagandha）、钱德拉（Chandra）及痤特钱（Chotachand），它干燥的树枝和树叶一直以来都是印度阿育吠陀疗法中的主要成分。萝芙木粉有许多用处，如能够作为蛇毒的解毒剂、镇静剂，治疗昆虫叮咬和疟疾。在西方，人们对萝芙木充满好奇。1931年，两位印度科学家分析了萝芙木树根粉，确认了其中包含的几种生物碱。有假设认为树根粉之所以能起到镇定作用，主要是由于一系列的生物碱，因此很多印度和其他地方的科学家开始具体研究这些生物碱的化学成分，其中最有效的生物碱是蛇根碱，于1952年被提取出来。

实验室的动物试验表明，萝芙木树根具有降血压的作用，而蛇根碱则正是在一个需要它的时期被提取了出来，那个时候，西方国家正饱受高血压引起的心脏病和中风的困扰。在20世纪50年代，几乎没有什么安全的药物可以降低血压，而且主要的手术手段有时还包括入路脊柱，破坏交感神经纤维来减小动脉管径。这样的方式不仅危险系数高，而且会为患者带来严重的副作用。

这种新药物的优势推动了人们对世界上萝芙木的系统调查和化学分析。许多萝芙木属下的植物均含有蛇根碱，而许多国家，如巴基斯坦、斯里兰卡、缅甸、泰国以及印度均开始供应这种药物。这是非常重要的一步，因为

这幅萝芙木的水彩画，被认为是克劳德·马丁（Claude Martin）的收藏。法国出生的马丁退役后进入英国的东印度公司发展，并于勒克瑙定居。在那里他建立了博物馆，并委托印度艺术家绘制勒克瑙的植物和鸟类。

印度政府曾不愿意与其他国家分享这种新兴的药物。自20世纪50年代起，当美国和英国认定蛇根碱可临床使用之后，它便主要用于降低血压。但由于蛇根碱具有镇定作用，它在精神病治疗领域也受到了重视。精神病院的精神分裂症患者开始使用蛇根碱，并取得了显著的效果，因为他们的行为变得更加有迹可循了。

蛇根碱的优势并没有延续下去，它的副作用中包括使人沮丧，据报道，一些自杀行为可以归因于使用蛇根碱。深度的药理学研究意在探究蛇根碱的工作原理，研究表明蛇根碱并不会造成沮丧，而只是释放出了人体内本来就有的沮丧。蛇根碱作用于神经系统的神经末梢，阻挡了一些化学物质（一元胺）的释放，这些化学物质在中央神经系统中起到了重要的作用。这也解释了蛇根碱为何会有镇定效果，同时也证明了早期有关沮丧的生物成因的理论。现在，人们已经找到了更好的药物来控制血压与治疗精神疾病，因此，蛇根碱主要用于实验研究，探究大脑精细的工作方式。

图为萝芙木，引自亨德里克·万·雷哈德的《马拉巴尔的花园》。印度次大陆传统的治疗师曾尝试寻找可以治疗蛇毒的药物，这并不奇怪。最新的发现表明，该地区中蛇毒并死亡的人数位居世界第一，每年有81,000人被毒蛇咬伤，近11,000人因此死亡。

古 柯

Erythroxylum coca

兴奋剂与神经阻断剂

就我而言，我始终还留着那个可卡因瓶子。

——夏洛克·福尔摩斯，《四签名》（*The Sign of Four*），

阿瑟·柯南·道尔，1890 年

在印加古柯十分稀缺，但因其重要性，国家垄断了它的生产与分销。古柯的叶子也用于祭祀上帝。古柯属于小型树木或灌木，最适宜生长在热带安第斯山脉的低山坡上，它在当地的使用已有很长的历史。古柯叶一年可收获多次，富含多种有效的生物碱，其中最著名的要数可卡因。古柯叶中也含有少量咖啡因。

古柯叶被收集、晒干后与石灰混合，人们将这种混合物放在牙龈处缓慢吸收它释放出的生物碱。这种生物碱能够增强肌肉力量、消除饥饿感，并带来一种愉悦感。西班牙征服者描述了这种植物和它的功效，而且当他们迫使当地人民在矿井工作时，就以提供古柯叶为条件来提高生产力。在19世纪中期，两位德国化学家独立提取出古柯叶中最有效的生物碱，其中一位生物学家阿尔伯特·尼曼（Albert Niemann）将其命名为可卡因并保留至今。

那时候，可卡因是引起医疗和化学界关注的植物生物碱之一。年轻的西格蒙德·弗洛伊德（Sigmund Freud）是一位刚崭露头角的神经学家，从1884年开始他自己研究可卡因。他的论文集《有关古柯》（*Über Coca*）更像是一个主张倡议而不是一个严谨的科学分析，他轻描淡写了古柯的致瘾性，而强调它带来的精神愉悦感和它增强肌肉力量与精力的作用。眼科医师卡尔·科勒（Carl Koller）是弗洛伊德的一个同事，也在同一时间发现原来可卡因可用作强力局部麻醉剂。

蛇和古柯叶都是印加人的圣物。近期，对 1999 年神社内印加木乃伊的研究分析表明，作为 "capacocha" 仪式的一部分，在通向殉葬死亡的 12 个月的时间里，三名儿童被迫摄入大量古柯叶和希沙啤酒。除此之外，大块的古柯叶在一名 13 岁的女孩的牙齿间被发现。

人们花了很长时间才理解了可卡因的致瘾性，在此期间，因为监管并不严格，一些具有开拓精神的制药公司捆绑销售药物与注射器，使得可卡因成为流行饮料中的一种成分。可卡因也被吹嘘为一种戒除吗啡瘾的安全方法。福尔摩斯也曾吸食可卡因成瘾，尽管在柯南·道尔的笔下，福尔摩斯最后戒掉了可卡因，但是可卡因的危害

REVISION OF ERYTHROXYLUM

Paratype ?   Det. T. Plowman.

TYPE OF: Erythroxylum bolivianum Burck,
Teysmannia 1: 456. 1890.

DETERMINED AS: Erythroxylum coca Lam.

Erythroxylon Coca. L.

R. B. G. Ceylon
Kand 1897.
Com. D. Trimen 4/94.

古柯标本的植物标本。古柯叶曾是骆马和原驼的饲料，其叶子中的生物碱能对动物的胃产生局部麻醉的效果，造成一种虚假的饱腹感，使它们失去胃口，并且不再进食，但一旦可卡因和其他化学物质进入大脑，便能提高活力并产生愉悦感，促使它们持续劳作。正如这些动物不会对古柯叶上瘾，人类食用处理过的古柯叶也不会产生依赖。

已经越来越明显。威廉·史都华·豪斯泰德（William Stewart Halsted）是约翰·霍普金斯大学的外科教授，也是无菌外科手术的先驱，他也是早年可卡因瘾君子的典型代表。尽管他仍然坚持完成他的工作，但他最终没有完全戒除吗啡（他之后用吗啡代替可卡因）。

除了医学上的使用，可卡因在很多领域都属于管制药物。尽管私自使用可卡因是一种犯罪行为，但是仍有很多人铤而走险。数百万人偷偷吸食纯可卡因或它的次级品"霹雳可卡因"。供应可卡因可以获得暴利，特别是在哥伦比亚，尽管哥伦比亚人种植咖啡树或秘鲁人种植芦笋来代替古柯的做法一直被鼓励。

马钱属

Strychnos nux-vomica, S. toxifera

如毒药般的药物

"肯普，马钱子碱是一种强力补药，能让男人重获雄风。"

"它是个魔鬼，"肯普如是说，"它是瓶子里的旧石器时代。"

——赫伯特·乔治·威尔斯（H.G.Wells），《隐形人》

（*The Invisible Man*），1897 年

马钱子的果实为橙色，外壳光滑，果实大小和大苹果差不多，内含像果冻一样柔软的果肉。据报道，这些种子在印度南部被用于提高蒸馏酒的纯度。马钱子木材坚硬而耐用，可与马钱子根一起入药，这种极苦的药材可以治疗热症（甚至包括疟疾）和毒蛇咬伤。

植物中的生物碱有许多功能，如能够防止捕食者侵袭（许多生物碱有毒性）。马钱属（*Strychnos*）下有约200种树木和藤类，遍布热带国家，其中两个品种能够产生特别有效的生物碱。马钱子（*S. nux-vomica*）产自亚洲南部和东南部，其果实中的主要活性成分为马钱子碱，它是19世纪早期第一种被现代化学家提取出来的生物碱。生长在南美的箭毒树（*S. toxifera*）含有箭毒马鞍子。这两种生物碱不仅在本土文化，也在西方文化中起到了重要的作用。

尽管马钱子有时候会被误解为催吐的果实（因为"vomica"的意思是"沮丧"或"洞"），但事实上当医生想要治疗马钱子用量过度的病患时，马钱子碱却起到了止吐的效果。马钱子碱也是一种神经兴奋剂，会导致痉挛，大剂量使用会引起抽搐甚至死亡。马钱子树的果实在医疗中也占有一席之地，因为它具有明显的刺激效果，并且能够解蛇毒。马钱子应用于古印度草药疗法已有很长的一段历史，阿拉伯医生在中世纪已经了解到这种药物。在印度果阿的葡萄牙人研究了马钱子并将它引入欧洲。

在西方医疗中，马钱子用于治疗许多疾病，是一种非处方药，人们可以在药店自行购买。马钱子在收紧肌肉方面有显著效果，而且能够使人感到兴奋，因此被认为是一种提神剂。即使后来马钱子碱被从生药中分离出来，其果实被磨成粉末，但仍受到大家的欢迎。具有讽刺意味的是，马钱子在16世纪早期作为老鼠药使用，它的果实和生物碱均可用于实现更加阴险的目的。马钱子碱相比于砒霜更难被检测出来。砒霜是维多利亚时期另一种流行的毒药，因为砒霜较容易获得，当时的医师均比较倾向于使用它。臭名昭著的投毒者威廉·帕尔默（William Palmer）就是用砒霜毒死了他的岳母、他的妻子（有可能）、几个孩子及一个朋友。而另一位医生托马斯·克里姆（Thomas Cream）也曾连续使用砒霜害人，最后他们两人均被绞死。化学检测技术的发

Two Gourds of
Curare Poison from Bark of
Strychnos toxifera R. Schomb. ex Benth.
Guyana
(108)   R. Spruce

展和供应系统的控制使人们失去了对马钱子碱的兴趣，最后甚至连使用马钱子碱消灭寄生虫也变得不合法，因此除了在侦探小说中出现以外，马钱子碱淡出了人们的视线。

　　虽然马钱子碱药物被归类为毒药，但箭毒马鞍子在医疗中的使用却是合法的。在南美的热带地区，狩猎者将他们的箭头浸泡在一种从箭毒树里提取的物质中，这种物质可以起到麻痹的效果，使狩猎变得更加简单。箭毒马鞍子也被用于战争中。早期欧洲探险者很自然地被这种物质所吸引，16世纪后期，这种神奇的物质被带到了欧洲。但是这种物质一直保持着一种神秘感，直到1856年，著名的法国生理学家克洛德·贝尔纳（Claude Bernard）发现箭毒树中的活性成分箭毒马鞍子能够阻挡运动神经和肌肉之间的连接，因为控制呼吸的肌肉被麻痹，人或动物便窒息而死。实验动物通过人工供氧保持生命特征，但是因为其他肌肉被麻痹，因此它们并不能动，这样实验就更容易进行。因此，这种药物成为现代手术中一种重要的辅助药物，由麻醉师负责使用和进行期间的供氧。尽管箭毒马鞍子被更新的肌肉松弛药物所代替，但是了解它的作用方式有助于我们理解神经和肌肉之间的相互作用。

两个来自圭亚那的葫芦，内含从南美箭毒树树皮中提取的箭毒，用以浸泡箭尖以制成毒箭。这两个葫芦的收藏者为罗伯特·斯普鲁斯（Robert Spruce, 1817—1893），他受威廉姆·胡克爵士（William Hooker）和乔治·本瑟姆（George Bentham）所托游遍南美。罗伯特收藏的许多样本都是由乔治描述的。

大 黄

Rheum spp.

从强力泻药到"超级食物"

> 直到我重新回去看看这些令人好奇的苞状叶子，仔细检查了它的花果，我才说服自己这真的是大黄。
>
> ——约瑟夫·道尔顿·胡克，1855 年

阿塔纳修斯·基歇尔（Athanasius Kircher）所著《中国图志》（*China Illustrata*,1667)中的一幅画，画的是"真正的大黄"。他从未去过中国，而是通过参考其他传教士如米莎·波埃姆（Michał Boym）和马蒂诺·马蒂尼（Martino Martini）的记录完成该书的。他提到保持收获的大黄根部水分的重要性，因为当大黄完全干燥后，就会丧失自身的优势。

大黄获得了"超级食物"的赞誉，对一种只有200年左右食用历史的植物来说，这简直是一个迅速的发展。但大黄在医疗领域的历史要相对悠久。在饮食上，人们食用这种甜点蔬菜的茎，而在在医疗上，人们则使用大黄表皮黝黑的树根。大黄的根，特别是药用大黄（*Rheum officinale*）、掌叶大黄（*R. palmatum*）以及唐古特大黄（*R. tanguticum*）的根在早期中国医书中便有记载，并且被民间行医者所熟知，是一种泻药。

大约有60多种大黄品种种植在亚洲中部和南部的山腰与沙漠地区，形状各异。公元1世纪，大黄贸易沿着丝绸之路展开，最后进入西方药典。迪奥斯科里季斯（Dioscorides）将大黄描述成肠胃补药，可以开胃并促进消化。波斯行医者认为大黄能够增强胃动力，缓解饮酒过量所造成的头痛。直到中世纪，大黄通便的功效才获得关注。当大黄温和的通便功效得到更多了解，人们意识到买卖劣质大黄根的弊端，欧洲便开始着力提供纯正的大黄。16世纪中国贸易港口开放后，葡萄牙人兴高采烈地将大黄从澳门带回本土。荷兰和英国也加入了大黄的种植贸易竞争，但他们无法进入中国内陆，也无法接触到那些品质最好的大黄根。

17、18世纪，俄国人成功地将最好的大黄带到阿姆斯特丹。为了扩大利润，俄国政府在位于俄蒙边界的恰克图实行了严格的质量控制。那时大黄种子进入西方，许多园艺师，甚至是管理药材园和植物园的园艺师也都尝试种植能达到医疗标准的大黄。英国皇家艺术学会为大型种植园颁发奖牌，但就"哪个品种为最纯正的大黄"这个问题存在十分激烈的争论，因为自己种植的大黄根药效并不令人满意。

大黄并不靠种子繁殖，容易杂交产生新的品种，这些新的品种可以进行分根栽培以保留其特征。这也就促进了可用于烹饪的培育变种的发展。19世纪早期，大黄在伦敦科芬园的销售并不成功，但是这种粉色的茎秆随后受到

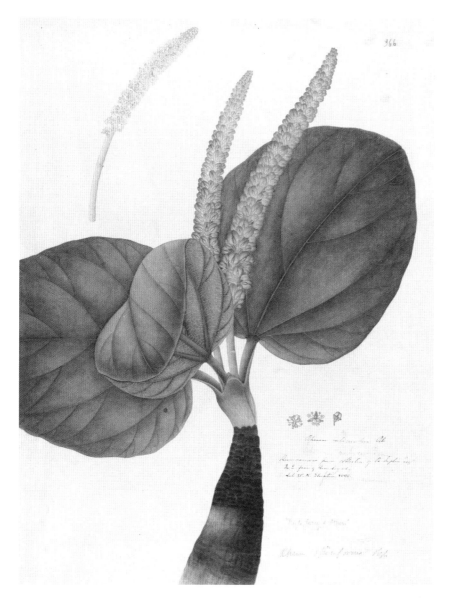

了欢迎，因为人们发现廉价的糖可以中和它的酸性。在高温与黑暗条件下种植出的大黄比田地中种植的大黄口感更好。柔软的茎秆在年初便可收获，为富人冬季的饮食增添一抹亮色。在美国，植物育种专家卢瑟·伯班克（Luther Burbank）培育出了一个超级新品种。

第二次世界大战之后，大量进口水果在市场上出现，大黄最终失去了原本的地位。大黄新形象的出现使它重获人们的喜爱，它富含生物活性多酚，现在被广泛研究用来治疗癌症、对抗炎症以及开发其他潜在的作用。就像所有美好的事物一样，在很长一段时间里，大黄更多地被看作一种泻药而不是一种食物，过量食用大黄也会产生问题。而且要记住一点，不要食用大黄叶！

穗序大黄和其他 60 种大黄相似，原产于"世界屋脊"青藏高原边缘和周边国家。人们认为青藏高原海拔的快速上升是大黄的基因多样性产生的原因。为了适应高海拔地区破坏力极强的大风，低矮的穗序大黄应运而生。

柳 树

Salix spp.

能够缓解悲伤与痛苦的树木

在小溪之旁，斜生着一株杨柳，

它的毵毵的枝叶倒映在明镜一样的水流之中。

——威廉·莎士比亚，《哈姆雷特》（*Hamlet*），第四幕，第七场

在人类的历史中，除了柳树，很少有其他树木与人们有着密切的关系。在古代，柳树主要用于编藤篮、建栅栏与囚笼，随后，主要用于新兴的手工艺中。柳树属下有约300个品种，其中有大量培育变种，遍布北半球气候温和的地区，当然，在赤道南部和北极较寒冷的地区也生长着柳树。柳树常被种植在河岸边，因为它们有助于防止水土流失。

柳树属下的一个特殊的品种为白柳（*Salix alba*），具有药用价值，长期以来为人们所使用。"白柳"的名字与柳叶下方那一抹银白色有关。埃及人、古希腊人及亚洲西南部人使用白柳治疗热症、疼痛及其他病症。人们将白柳树皮磨成粉并注入红酒或其他液体。白柳是欧洲疗法中的一种主要药物，在17世纪，英国草药医生尼可拉斯·卡尔培柏（Nicholas Culpeper）建议用柳树树皮代替相对较贵的秘鲁树皮。这两种树皮均带有苦味，柳树可用于减轻热症，但无法治疗因为症疾而引发的热症（秘鲁树皮可以）。在1763年，英国牧师埃德蒙·斯通（Edmund Stone）明确指出白柳树皮注射液能够治疗热症。

柳树持续吸引着医疗界的关注，在19世纪20年代，两位药剂师——来自法国的亨利·雷洛克斯（Henri Leroux）和来自意大利的拉法埃莱·派瑞（Raffaele Piria）独立分离出了柳树中的活性成分——水杨苷。后续研究表明，水杨苷在体内被分解后会产生水杨酸。这种酸在19世纪70年代被用于减轻风湿性心脏病所引起的疼痛与炎症。这就是早期的微生物理论，而水杨酸则被认为是一种内部消炎剂，因为它可以杀死实验室中的试验细菌。但是现在人们知道水杨酸是通过其他机制发挥作用的。另一个品种杞柳（*S. pur-purea*）也含有重要的化学物质。

阿司匹林，由乙酰基与水杨酸合成（1853年），直到1899年才由德国制药企业拜耳公司推向市场并大获成功。它一直以来都是治疗热症、头疼以及疼痛的主要药物，而它的生产也不再需要柳树树皮为原料，而是使用煤焦油

衍生物。尽管阿司匹林是家庭必备的药品，但它也曾险些未能通过现代有关新药品引进的安全条例。

　　近期对柳树的利用包括测量生物量，在苏丹等地区，柳树也被用作燃料。许多柳树生长较快，并且很容易在新切的枝条上重新生长出新芽。柳树木材可制成木炭，可用来造纸，柳树树皮则可用来制革。柳树林是绝佳的防风林，它们对环境保护的作用受到了广泛的赞颂。垂柳（*S. babylonica*）原产地是中国，是一种极受欢迎的观赏植物，被引进到了欧洲。尽管白柳原先的医疗地位有所下降，该品种的另一个变种柳木（*caerulea*）却受到关注，用来制作板球球拍。柳木球拍击打皮质的板球时会发出一种特殊的声音，这种声音是夏季板球运动中特有的，是其他木材制成的球拍所不能替代的。

塞缪尔·科普兰（Samuel Copland）高度赞扬了白柳在《古代和现代农业》（*Agriculture Ancient and Modern*，1866）中的重要意义（1866）。除了将白柳制成桩子、杆子、栏架和篮筐等之处，在面粉稀缺的时候，住在北极附近的居民还会将它的内皮干燥处理并研磨，与燕麦混合食用。在俄罗斯，据说旅行者在穿越草原时会插上或剪取白柳以作为记路的标志。

柑橘属果树

Citrus spp.

营养（维生素）与风味并存

> 生活就像柑橘，有酸也有甜。
>
> ——西班牙谚语

柑橘、葡萄柚、克莱门氏小柑橘以及柠檬可作为早餐，可制成果汁，也可以作为食材，它们之间看上去很相似，但是有些却是最近才被发现的。葡萄柚（*C. paradisi*）仅仅在18世纪种植，而克莱门氏小柑橘则是橘子与另一种口感较苦的观赏品种杂交培育出来的，出现在19世纪。柑橘属的品种均有极强的繁殖能力，能够互相杂交生长。而柑橘属树木与灌木自身也能适应人们所做的处理。

所有柑橘属水果均原产自亚洲东部至澳大利亚一带，那时（可能为2,000万年前）澳大利亚仍属于亚洲大陆。尽管澳大利亚青柠（*Citrus australis*）历史悠久，而且其他柑橘植物在亚洲（亚洲人民钟爱柑橘属植物带有香气的花朵和它的果实）也有广泛的历史，柑橘属植物的出现使得历史基因关系变得更加复杂，至今人们也没有完全理解。最近的一个假设是柑橘属植物有3个基本品种，即圆佛手柑（*C. medica*）、柑橘（*C. mandarin*）与柚子（*C. maxima*），而我们现在所食用的所有品种都是从这3个品种演变而来的。

公元前4世纪，亚历山大大帝在印度发现了柑橘属植物，并将它带回西方，尽管在此之前，亚洲西南部地区的人们就已经知道了柑橘属植物的存在。柑橘属植物与大柠檬十分相似，而且是犹太人住棚节的主要食材。圆佛手柑是柑橘属下的一个品种，果实较小，被专门培育用于节日使用。尽管现在圆佛手柑只是柑橘属中一个小小的品种，但整个柑橘属却是以它命名的，这也体现出了它的历史重要性。

其他柑橘属水果，如青柠与柠檬，于基督纪元早期在欧洲种植，但那时它们仍属于外来植物，且只有富人才可以享用。阿拉伯人喜爱柑橘属水果，并将酸橙、青柠及柠檬带到了他们占领的地方，包括西班牙。柑橘属植物种植需要满足两个条件：充足的水分和不出现严重的霜冻天气。这意味着，如果柑橘属植物在干旱的地区种植，就需要进行大量灌溉，而且需要做好保护措施，预防偶然出现的霜降天气。富有的欧洲北方人沉迷于柑橘属植物果实

对页图：印度"酸柠檬或酸橙"的不同变种或品种。该图是在威廉·卢克斯堡的要求下绘制而成的，当时，他是加尔各答的植物园的监管者（1793—1813）。在他的任期里，他令当地印度艺术家创作了2500幅植物插图，有一套插图现存在加尔各答，是他再次回到英国皇家植物园时留下的。

左上图：香橼。约翰·克里斯托弗·福尔克默（Johann Christoph Volkamer）是纽伦堡一个富有的商人，他为他收集的大量柑橘树建立了果园和橘园。这些柑橘树被记录在《纽伦堡的"赫斯帕里得斯"》（*Nürnbergische Hesperides*，1708—1714，共两卷）书中，书中有超过一百株植物，是植物艺术与洛可可园林艺术的碰撞。

右上图：蜜橘（*Citrus tangerina*）是一种容易扒皮的品种，产地为北美洲的丹吉尔。19世纪，波兰第五公爵的园丁蒂勒里先生（Mr Tillery）高度赞扬了蜜橘，说他所知道的最好吃的蜜橘产自英国诺丁汉郡。公爵的维尔贝克庄园里有巨大的厨房花园和玻璃暖房，四周墙壁均用火炉加热。

的味道和花朵的芳香，建造橘园与大型温室来种植这些植物。位于伦敦西南部的英国皇家植物园中就有精巧优雅的橘园，该橘园建立时英国皇家植物园仍是乔治三世国王的个人保留地。

柑橘属水果并不容易自家种植，英国、荷兰及其他北欧国家的船员在航行途中遇见了它们，并十分感谢它们对自己的帮助。长期在海上航行，所携带的食物单一且缺乏营养，因此，坏血病成了欧洲人的帝国梦和商业抱负的阻碍。坏血病会造成牙龈出血、皮下出血、身体虚弱、腹泻及消瘦，甚至还会造成死亡。我们并不知道谁是第一个发现柑橘属水果可以治疗这种可怕的疾病的，但是有规律地摄入这类水果可以从根本上预防坏血病的发生。但是，直到15世纪后期，柑橘属水果治疗和预防坏血病的价值才被提及，一些船长也意识到了它们的作用，随后，柑橘属水果成了常规的医疗实践物。在18世纪中期，海军医生詹姆斯·林德（James Lind）在早期著名的临床实验中试验了柑橘属水果和其他用于治疗坏血病的药物，他发现柠檬的功效最为显著。但30年后，英国海军才颁布规定为船员提供青柠或柠檬。

柑橘属水果富含的抗坏血酸（维生素C）是一种能够预防和治疗坏血病的维生素，人们无法自身合成。具有讽刺意味的是，相比于其他柑橘属水果，青柠并没有那么可靠，但它却成为英国海军的昵称。其他新鲜水果和蔬菜中也含有维生素C，因此人们在评价柑橘属水果对坏血病的治疗作用时，需要考虑更多的因素，更加复杂，但是它们有益健康的优势在现代市场上仍十分显著。自20世纪80年代起，诺贝尔化学奖得主莱纳斯·鲍林（Linus Pauling）便提倡使用大剂量维生素C治疗普通感冒、预防癌症和心血管疾病。

甜橙（*C. sinensis*）于15世纪在欧洲种植，哥伦布在他的第二次航行时将甜橙与柠檬（*C. limon*）带到了美洲，它们主要在佛罗里达和加勒比的一些海岛上种植，现在佛罗里达仍是世界柑橘的种植中心之一。19世纪，甜橙与柠檬在加利福尼亚定植之后，加利福尼亚便成了佛罗里达的主要北美竞争对手。从美洲东部到洛杉矶的跨大陆铁轨修建后仅一年，便有一位柑橘种植者成功地将大量柑橘运回东方。柑橘属水果的其他主要种植国家有巴西、以色列以及欧洲南部其他国家。现在种植甜橙主要用于榨果汁，现代的研制技术和运输技术使得甜橙果汁非常容易获得。

柑橘属植物之间的杂交产生了许多新的品种，丰富了市场上柑橘的种类，现在一年四季都可以购买到柑橘属水果。同时，密集耕作不可避免地会造成一些长期问题，如害虫和疾病。温暖气候条件下发生的反常霜冻天气也会影响一年一度的丰收。泥盆保护法（因为会造成污染，已被弃用）和给树木喷水是种植者应对霜冻天气的两个主要策略。喷水的原理在于只要树叶上留有水分（不是冰），就能保证树叶的温度不会低于水的结冰温度。

当大力神找到金苹果园中的金苹果后，柑果成了所有柑橘属水果的科学术语，但金苹果既不是苹果也不是柑橘。果汁和果肉是我们最常购买的产品，但果皮和它们一样也很有价值。许多柑橘属水果的果皮富含油类，广泛用于制造肥皂、香水或烹饪。人们专门种植香柠檬来提取果皮中的油类，它能让伯爵茶别具风味。酸橙的果皮则是制作果酱最好的原料。

芦 荟

Aloe perryi, A. vera, A. ferox

肉质植物和它有治愈能力的凝胶

> 你问我这神秘的力量是什么，能让我在长期的斋戒中支撑下来？
> 是我对上帝坚贞不渝的信念，是我朴实无华的生活方式，还有芦荟，
> 我在到达南非时发现了它的价值。
>
> ——圣雄甘地［Mahatma Gandhi，写给传记记者罗曼·罗兰（Romain
> Rolland）的一封信］

莱昂哈特·福克斯所著《历史年鉴》（*De Historia Stirpium*, 1551）一书中的芦荟木刻插图。芦荟是16世纪一种伟大的草本植物之一。莱昂哈特可能在自己建造的植物园（宾根某所大学内）的花盆中培育过芦荟。在公元1世纪的南方，蒲林尼描述了一种用来种植芦荟的特殊的圆锥形容器。

亚里士多德对药用芦荟赞誉有加，他曾建议他以前的学生亚历山大大帝控制位于印度洋的索科特拉岛，因为那里种植着最好的芦荟——索科特拉芦荟。不管真相如何，至少故事是这样叙述的。也许一种植物对人类的价值可以通过衡量它的传奇故事的质量来确定。

芦荟是肉质植物，能够很好地适应干旱的生长条件。改良的芦荟叶在干旱季节起到了储存水分的作用，而它自身所含的水分和纤维素则吸引了许多食草动物，南非大象就钟爱芦荟。或许是为了打消食草动物的念头，芦荟叶上布满了起保护作用的皮刺，一些品种甚至会分泌一些苦味的化学物，如芦荟素。芦荟体内芦荟素（和其他有生物活性的物质）的含量因品种与植物本身而异，也会因生长年龄、季节以及是否会对伤害做出反应而产生变化。芦荟素的含量会影响芦荟产品的质量，这也是芦荟医疗价值难以评估、毒性难以测量的原因之一。

芦荟的名字来源于阿拉伯单词"alloeh"，但同时，这个名字也是一种芦荟产品的名字，这种产品为淡黑色，具有光泽，呈砖块状或菱形。当芦荟叶被切断时，乳胶会从植物皮下特殊的细胞中流出。乳胶经过加热、浓缩直到凝固，制作成菱形。这种形状的乳胶便于运输，当有需要时，就再次融化与其他药物一起使用。尽管希波克拉底（Hippocrates）并没有提及芦荟这种药物，但埃及人早在公元前15世纪便开始使用它。公元1世纪，芦荟进入罗马药典，蒲林尼写道，亚洲品种的新鲜芦荟叶可以用于治疗伤口。尽管并没有清楚明确的医疗证据，但芦荟的这种用处仍被不断推广。蒲林尼认为最好的芦荟产自印度，这一点我们可以从印度洋贸易路线中看出。虽然芦荟有很多作用，如防脱发等，但蒲林尼却对芦荟的通便作用大加赞赏。

《柯蒂斯植物学杂志》(1818年)中的青鳄芦荟,一种"巨大的刺猬芦荟"。这种南非芦荟可高达2米(超过6英尺),叶子可长达1米(3英尺)。通常来说,叶子会被从不同的植株上摘下,然后排列在洼地中,用以收集切割面渗出的棕色液体。在经过加热、浓缩以及干燥之后,能得到固态的带有苦味的芦荟膏。这种芦荟膏在当地已经使用了多个世纪。

芦荟的主要用处是愈合伤口和通便,但同时它也有许多其他治疗作用,如皮肤的清洁与保湿。芦荟在地中海东部的阿拉伯医学中享誉盛名,后因穆斯林的征服而传播至其他国家。随后,芦荟植物和加工后的药物被出口至欧洲和东方国家,远至中国。不论芦荟到达哪里,都能获得当地人的青睐,并被写入当地药典。

非洲,特别是南非,是芦荟种植的主要地区,拥有大量不同的品种。在非洲大陆的最南端生长着拥有悠久历史的本土芦荟品种好望角芦荟。如今,随着人们对芦荟产品的需求不断增加,它成为地方工业中重要的原料。传统的管理与收割方式能保证植物的完整性,有利于进一步的修剪加工。但是,与墨西哥、美国南部以及南美部分地区的库拉索芦荟(*Aloe vera*)的产量相比,非洲好望角芦荟的产量相对较低。库拉索芦荟产自阿拉伯半岛,具体产地已无从考证。哥伦布将库拉索芦荟带到新世界,从西印度群岛传播开来。芦荟胶和芦荟产品虽然并不是完美的万灵药,但是近期研究表明,芦荟可以降低糖尿病人的血糖和高血脂病人的血脂水平。

墨西哥薯蓣

Dioscorea mexicana, D. composita

口服避孕药的原料

> 没有一个女人是自由的，除非她可以自己有意识地选择是否成为一个母亲。
>
> ——玛格丽特·桑格（Margaret Sanger），1919 年

  世界上有许多药丸，但只有一种药丸可以作为口服避孕药。1960年出现口服避孕药之后，人们就简单地称它为控制生育的药丸或口服的避孕药。口服避孕药在未婚女性中盛行是在"摇摆的60年代"，虽然出现得有些迟，但也算是及时地为性欲旺盛的女性提供了前所未有的生育选择。口服避孕药的特殊性在于它并不用于治疗或减轻疾病，而在于避孕。女性体内的生殖激素通过一系列精细的反馈循环控制女性的月经周期。口服避孕药需要每天服用，其中所含的黄体酮荷尔蒙会干扰反馈循环并抑制排卵。最初这种荷尔蒙取自两种不可食用的墨西哥薯蓣品种，墨西哥薯蓣（*Dioscorea mexicana*）和菊叶薯蓣（*D. composite*）。

  20世纪30与40年代进行的有关类固醇、性以及其他荷尔蒙的研究具有光明的医疗前景，令人激动。当生物学家致力于研究这些化学信使是如何控制人体功能的时候，化学家们正在尝试如何在成本最低的条件下提供大量的化学信使，这不仅仅是为了单纯的研究目的，更是为了医疗用途。植物中含有类固醇，特立独行的有机化学家拉塞尔·马克（Russell Marker）是发现墨西哥薯蓣中含有类固醇的第一人。马克的天才之处在于他能够合成与自然界中复杂的有机化合物相近的类似物，当然前提是他能找到合适的原材料。受到日本有关薯蓣类固醇薯蓣皂苷配基研究的启发，他全身心地投入到寻找合成植物类固醇的廉价来源的工作中去。

  20世纪40年代早期，马克的研究小组在美国南部和墨西哥进行了实地考察，在植物学家和知识渊博的当地人的帮助下，他们分析了近400种收集到的植物。其中，墨西哥薯蓣引起了马克的兴趣，它生长在墨西哥东部韦拉克鲁斯茂密的森林中，藤蔓大而粗糙，叶片呈心形，块茎肥大。马克说服当地的店主为他寻找一些薯蓣块茎，并从这富含薯蓣皂苷配基的块茎中提取出了大量黄体酮，用以确保工业化规模的使用。因为人类类固醇都具有相似的基本结构，黄体酮的成功合成便为合成肾上腺激素、性激素提供了一种方法。

1944年，马克在墨西哥城建立兴泰克公司，但他于1945年便离开了墨西哥城。他确定菊叶薯蓣能够产生大量薯蓣皂苷配基，而且能在三年内达到生产规模（墨西哥薯蓣需要6到9年）。借助菊叶薯蓣，兴泰克公司的化学家卡尔·杰拉西（Carl Djerassi）与路易斯·米拉蒙特斯（Louis Miramontes）改良了块茎的加工方式与大量生产纯黄体酮的方法。他们继续研究，合成了一种新的黄体酮——炔诺酮，不需注射，可以直接口服。实验证明它可以治疗月经失调与流产，也可以作为一种口服避孕药。在波多黎各进行了多次临床试验后，异炔诺酮—美雌醇片成为第一种推向市场的口服避孕药。

兴泰克公司、口服避孕药以及薯蓣皂苷配基这三者的出现，使得墨西哥成为世界上高质量植物类荷尔蒙的主要生产国。这有利也有弊。一些农民在丛林里收集薯蓣，然后卖给中间商，在这期间，他们遇到许多困难。这种收集薯蓣的方式并没能持续很长一段时间。20世纪70年代，墨西哥政府将薯蓣的收集国有化，薯蓣的价格飙升，这也使得其他替代品如全合成产品的价格看上去变得合理。

墨西哥薯蓣与其他山药品种，特别是南美"象足"薯蓣（D. elephantipes）相似，它极具标志性的块茎在地上生长。因为富含皂苷，这种薯蓣被过度采集，或用于菜园种植，或用于当地医疗，已经到了濒危的境地。

长春花

Catharanthus roseus

纤弱的花朵，强大的治疗

> 这种植物应该像其他外来植物一样，在温室中占有一席之地。
>
> ——菲利普·米勒（Philip Miller），1768 年

马达加斯加岛是一个特别的小岛，是多种多样独特的植物群与动物群的家园。岛上80%的本土植物在被运输到其他地方之前只能在这里看到。长春花就是其中一种植物。长春花是一种备受欢迎的一年生植物，适于花坛种植，它美丽而不华丽，十分低调。长春花的纤维素中含有独一无二的生物碱长春碱和长春新碱，能有效改变儿童癌症的现状。

作为一种草药，长春花在马达加斯加岛和其他国家均享誉盛名。在牙买加，长春花茶可用于治疗糖尿病。胰岛素也可用于治疗这种疾病，但价格昂贵且需要注射使用。1952年，加拿大西安大略大学的罗伯特·诺贝尔实验室试验了从牙买加获得的长春花样本，证明了长春花叶子的功效。口服制剂降低血糖和糖原含量的效果并不显著。一次偶然的情况下，海莉娜·柴可夫斯基·鲁滨逊（Halina Czajkowski Robinson）在验血检测葡萄糖时，同时检测了白细胞数。试验结果表明，长春花种的某些物质可以抑制骨髓中白细胞的产生，而白细胞是身体防御系统中最重要的细胞。1954年，生物化学家查尔斯·T.比尔（Charles T. Beer）加入了试验小组，并在5,000次尝试后成功提取出了上述所说的"某些物质"。这种物质就是长春碱，能够在实验台培养的肿瘤细胞中检测出。比尔提取长春碱的方法具有一定的专利性，但位于美国印第安纳波利斯的大型制药公司礼来制药厂也在进行相似的工作。在这里，他们进行了一系列的植物分析，希望能找到一种潜在药物，此外，他们还从菲律宾了解到长春花与糖尿病的关系。

1959年后期，长春碱开始应用到患者身上，到1961年，硫酸长春碱可以在市场上购得，1962年，一种相似的但却更有活性的生物碱长春新碱也进入了市场。在联合治疗中，抛开其副作用不提，长春碱是儿童白血病治疗的福星。随后，它的治疗范围扩展到了淋巴瘤、肝癌、艾滋病中的卡波济肉瘤和一些自身免疫疾病。长春花药物起到了纺锤体抑制剂的作用，能够干扰纺锤体微管信息的传递。纺锤体在分裂细胞时将染色体分开。

　　长春花象征着治疗这些疾病的希望，同时也是生物剽窃的代名词。许多人谴责发达国家剥削利用发展中国家的知识和资源。马达加斯加岛是长春花生长进化的地方，这里的长春花能够产生高质量的生物碱，但是上文提到的长春花实验样本却来自于其他地方。如今，许多国家都提供长春花原材料（长春花的需求量巨大），在马达加斯加岛收集野生长春花或小规模种植长春花的当地人仍只能以低价出售长春花。同时，令人担忧的是，全球生态环境破坏使人们更难寻找到其他与长春花相类似的拯救生命的植物。

　　长春花最初作为观赏性植物在法国凡尔赛和特里亚农皇家花园种植，获得的种子在18世纪被送给切尔西物理花园的菲利普·米勒，他对长春花夏天缤纷的花朵赞不绝口。除了在冬天需要温暖的生长环境之外，长春花的生长需求极易满足，不论移植到亚热带还是热带，长春花都可以适应当地环境。

科技与力量

物质世界

栎属有鳞目植物被称作粗穗石栎（Lithocarpus elegans），现在人们不认为它是一种橡树。在19世纪它被认为是一种大型木材，来自印度东北部物种丰富的亚热带地区的加罗山脉。这种木头据说比英国橡木颜色更浅，但一样结实、紧密。虽然它的名字已有所改变，但是它的功能仍保持不变。

那些控制了土地所有权的人便控制了该土地上生长的植物的所有权，并获得了这些植物所带来的财富。生长着黎巴嫩雪松的土地就是这样一块必争之地。黎巴嫩雪松木材持久耐用且具有香气，能用于建造建筑与腓尼基船，需求量极高，是极具贸易价值的商品。黎巴嫩雪松树脂也受到了人们的重视。雪松木材为本章奠定了一个基调。"科技与力量"这章主要研究植物的材料应用和它所带来的收益。

就像雪松在地中海东部所起到的作用一样，栎木为欧洲的船员们提供了许多帮助。海上力量与主权威严之间有密不可分的联系。栎木木材持久耐用而且坚固，适合建造大教堂与其他建筑。紫杉木的价值体现在其他领域，可用于制造狩猎时使用的长矛，十分结实。这种长矛的使用历史可以追溯到45万年前。长弓的出现帮助英国取得了15世纪阿金库尔战役的胜利。长弓制作原理在于边材与心材之间细微的弹性区别。紫杉木的生物化学性促使了另一种武器的产生，即药物武器，它能够杀死某些癌症快速分裂的细胞。

所有这些木材都可用于制作家具，每当有新的木材出现，人们总会感到震惊。当欧洲人来到热带地区时，发现了许多大型树木，它们在潮湿、炎热

的气候下生长，并且没有遭到伐木工人的砍伐。这些树木提供了大量有用的木材，它们的用途迄今为止都没有完全呈现出来。热带地区的硬木材，特别是桃花心木，是18世纪制造家具的不二选择。桃花心木容易加工而且十分稳固，因此桃花心木产品在市场上大受欢迎。但是当硬木材的潮流退去，热带地区林地的未来遭到了一定的冲击。

惊人般万能的竹子的生长遍布各地，从树林到草地。从温带地区到热带地区，竹子这种多年生、木质、空心植物具有极高的可塑性。因为纤维强度大，日本人多用竹子建造房屋。将竹条捆绑在一起可用于制作浮筏。扭曲的竹子使人想起中国吊桥上的钢索。从竹篮到织物，根据人们不同的需求，竹子纤维被织进不同的衣服与产品中。

如今，竹子可以与其他更古老的纤维混合使用，如棉花、麻类植物及亚麻纤维。当然，人们也使用动物纤维，但是植物纤维的作用却不太一样，它们可用于细绳、绳索、布料、衣服、帆、纸及家具的制作，可用于纺织业、高级时尚圈，也可用于制作绞刑所需的绳子。所有这些植物都为我们的物质世界提供了原材料。

左上图： 雄伟的黎巴嫩雪松（*Cedrus libani*），并附有松针、球状果实（上面是雄果，下面是雌果）和有翼种子的细节图，它的种子是从成熟的球果中取出的。

右上图： 梳棉是纺织前期准备工作中的重要环节，该图记录在皮埃尔·索纳拉特（Pierre Sonnerat）的《奉国王之命，1774 年至 1781 年间前往东印度和中国的旅程》（*Voyage aux Indes orientales et à la Chine*，1782）一书中。

黎巴嫩雪松

Cedrus libani

腓尼基帝国的创立

> 到目前为止，我的朋友，这棵高大的雪松的松尖好像就要冲破天际。
>
> 如果用这棵雪松的木材做门，门的高度将达72码（65.8米）。
>
> ——《吉尔伽美什史诗》，第五泥板

在黎巴嫩与叙利亚陡峭的岩石山坡上，生长着一片片宏伟壮丽的针叶林，那便是黎巴嫩雪松，它可以在海拔40米（130英尺）的地方生长。与柏树、杜松以及其他松树一样，黎巴嫩雪松是曾经覆盖了整个黎巴嫩和托鲁斯山脉的常绿树的后代。虽然现在土耳其是雪松的主要生产地，但黎巴嫩却将雪松这种具有代表性的树木作为了国家的标志。

从地质年代分析，雪松属的历史并不久远。它从第三纪早期（公元前6,500年至5,500年）开始进化发展，化石与现存物种很像，不容易区分。从人类历史角度来看，雪松是古代黎凡特海岸文明中一种重要的植物。雪松木材为后青铜时期与铁器时期的腓尼基人提供了最有价值的商品。腓尼基的邻国，如埃及、亚述、以色列、巴比伦、波斯均想得到雪松。他们获得雪松的方式有很多，如贸易、要求作为贡品进贡或直接掠夺。第一次世界大战期间建成的沿海铁路需要使用大量燃料，因此曾作为黎巴嫩重要标志的雪松也被用作了火车燃料。这对于雪松这种曾经作为法老棺材原材料的树木来说并不是一个好结局。

雪松中的主要油类使雪松散发出一种诱人的香气，而且这种香气经久不衰，许多考古发现的雪松木材仍带有香气。雪松树脂中的其他化学物能抵抗蛀木害虫与微生物分解。18世纪开始，雪松作为一种观赏类植物在欧洲公园种植，种植密度较小，而在原产地种植的雪松种植密度更大，生长得更高而且更直。雪松产量高，能够不断提供可用的木材。在古代，雪松木材用于建造主要建筑与船只，受到人们的赞颂。

所罗门（Solomon）寻找雪松作为他位于耶路撒冷的寺庙和皇家宫殿的建筑木材。他与推罗王希兰（Hiram）协商，用银器、大量橄榄油与小麦交换雪松木材和熟练的木材工人。公元前11世纪，因为阿蒙—赖神庙需要为上帝建造一艘全新的神圣的雪松驳船，神庙的高级负责人温阿蒙（Wen-Amon）便坐

腓尼基人是著名的商人和造船者，船身由巨大的雪松木材制成，配有船帆和船桨。他们通过直接的公海路线穿越地中海。除了造船，他们也做珍贵的雪松原木交易。

Cedern-Gruppe am Libanon.

船从底比斯到比布鲁斯的腓尼基城寻找木材，花费了大量金、银、亚麻布以及500卷莎草纸。

腓尼基人是造船高手，他们的商船行驶缓慢却十分宽敞，横渡了整个地中海。雪松木板（和桅杆）以其长度闻名，而且结实有弹性。雪松的细胞壁极厚，分布在树干的下方，能够支撑树干垂直生长，不受枝干的重力影响。因为雪松树脂具有防水性，因此这种紧密木材在浸入水中时不会吸收过多水分。腓尼基人就是使用雪松木材建造的船只将贵重的货物，如雕刻的象牙、名贵金属制成的珠宝出口到其他国家，并进行交易获得原材料，如铜锭等。同时，他们也会在船尾绑上雪松原木，将其从腓尼基运输到遥远的目的地。

黎巴嫩一个古老的雪松林。位于黎巴嫩北部的"上帝的雪松林"被联合国教科文组织评为世界遗产并受其保护。这里保留着许多古老的黎巴嫩雪松（*Cedrus libani*）品种。这些树可称得上是雪松属中的遗产。在特提斯海还没消失成为地中海前，这里便生长着古老雪松的品种。

栎 木

Quercus spp.

力量与雄伟

> 合抱之树，生于毫末。
>
> ——14 世纪后期的英国谚语

栎属（*Quercus*）是一个大属，包含近500个品种，主要分布在北半球与哥伦比亚安第斯山脉。栎树可以生长在从海平面高度到海拔4,000米（超过13,000英尺）的地方，不同海拔生长着不同特征的品种，如常绿树与半常绿树品种。在这些品种中，高大雄伟的落叶品种最受欢迎。栎树属于硬木，生长缓慢，树干外有厚而粗糙的树皮，富含丹宁酸。这种天然产生的化学物质被用于制革、酿酒。因为单宁酸的存在，栎木木材成了绝佳的建筑材料，因为它可以防虫防腐烂。栎树树心的纤维细胞有极厚的细胞壁，提高了栎树的强度。

栎树的原产地可能是亚洲，并且在5500年前被广泛传播到世界各地。现在栎树的分布情况反映出了最近一个地质年代所发生的生态与气候变化。栎树是风媒植物，因此，和其他许多植物一样，授粉成功并发芽是一个偶然事件。松鼠对栎树的传播起到了一定的帮助作用，它们常常将橡果藏在地底下，之后便忘记了藏东西的地方（或自身遭受意外）。大多数栎树品种需要在温和的气候条件和肥沃湿润的土壤中生长。当生长条件适宜的时候，栎树的树龄可达几百年，并长成参天大树。

不同的栎树品种有其不同的作用。夏栎（*Q. robur*）原产自英国和欧洲北部大部分国家，是最受欢迎的一个品种。在金属船身出现之前，夏栎一直是建造船只的不二选择，帮助英国取得了海上霸权。用于造船的木材需要满足以下几个要求：木材需要来自粗壮的树干，制成的木板要具有延展性、轻便且防水。栎树满足上述的两个条件，因此，自17世纪以来，主要生长在英国的栎树被出口至斯堪的纳维亚和其他波罗的海国家，以满足他们建造船只、房屋、家具以及使用木柴的需求。最常见的美洲品种为白橡（*Q. alba*），它是马萨诸塞海湾公司的摇钱树。马萨诸塞海湾公司用船将木材运回英国，并帮助船上的移民横渡大西洋。另一个美洲品种为弗吉尼亚栎（*Q. virginia-na*），被誉为"活栎树"，是存活时间最长的品种，现在较少作为商业木材

使用。

　　另一个栎木品种为栓皮栎（*Q. suber*），是制作软木塞的原料，深受红酒爱好者的青睐。这种半常绿植物的树皮极厚，古罗马人用它做隔热材料、鞋底、锚浮标及瓶塞，这些用法至今仍很常见。栓皮栎树皮本身经过进化，具有一定的防火性。栓皮栎的树龄可达100年以上，每10年可以剥去它的树皮加以利用，但每次剥树皮必须要等到上次剥去的树皮再生长出来。

　　在20世纪之前，橡果一直是美洲印第安人的食物（在去除丹宁酸之后，橡果是可食用的），特别是在加利福尼亚，现在很少有人食用橡果。但是在盛产火腿的意大利与伊比利亚，橡果仍然是猪饲料的主要原料。

两个东亚的橡树树种和它们的树叶、果实、树皮、树干。右侧的锐齿槲栎（*Quercus aliena*）为东方白橡木，是一种有用的木材；左侧的栓皮栎（*Quercus variabilis*）为中国栓皮栎，产量略低，但与欧洲栓皮栎有相似的特征，它们的细胞外都有一层防水蜡。

紫杉木

Taxus baccata, T. brevifolia

中世纪长弓，现代药物

短叶红豆杉（*Taxus brevifolia*）的一个短枝。短叶红豆杉生长在从阿拉斯加东南部到加利福尼亚北部的美国北部西海岸的山脉上。美国土著用短叶红豆杉木制作皮划艇、弓箭和长矛。在紫杉酚发展之前，林业产业将紫杉视为讨厌的东西，砍下并烧毁。

> 即使敌众我寡，我等却亲如兄弟。
>
> ——威廉·莎士比亚，《亨利五世》（*Henry V*），第四幕，第三场

1415年10月25日（圣克里斯日）的清晨，亨利五世带着英国军队迎战查理六世带领的法国军队。亨利最终赢得胜利，阿金库尔战役的传奇就此书写。英国军队的人数并没有像旧志中记载的那么多，但许多弓箭手都配备了长弓，这些长弓是由英国或欧洲紫杉木制成的。正是战略性地使用了这种具有毁灭性的武器，英国军队才能取得胜利。

紫杉木是制作攻击性武器的古老材料。狩猎用的长矛是人们发现的最古老的木质人工产品之一。在英格兰艾塞克斯滨海克拉克顿发现的紫杉木长矛的尖端历史悠久，可以追溯到45万年前。在德国下萨克森发现的插入长毛象肋骨中的长矛已有9万年的历史。5,000年前，冰人奥茨（Ötzi）带着紫杉木弓半成品踏上了他在奥茨塔尔阿尔卑斯山脉（位于意大利与澳大利亚交界处）最后的旅程。

在亨利八世的统治下，长弓的全盛期虽不复存在，但仍具有一定的用武之地。在打捞上来的"玛丽玫瑰号"军舰（于1545年沉入海底）中发现了许多紫杉木弓和弓杠。从这些武器的质量上可以看出它们使用的是从欧洲或亚洲西部进口的木材。那些在当时控制了大部分紫杉木贸易的威尼斯商人也在不断寻找紫杉木的来源。那时，每出口一桶红酒至英国就需要上缴一定数量的紫杉木弓杠作为税金。

尽管其他木材也可作为制作弓的原材料，但紫杉木具有它的独特性。如果径向切割一段平直的紫杉木材，就能看到紫杉木材的两个自然层——边材与心材。用树皮底下浅色的边材制作的弓背，在拉力的作用下不易变形；而弓面则会用到紫杉木的心材，因为具有良好的抗压性。当弓箭手拉弓的时候，弓面会储存大量能量，让弓箭获得动能，瞬间飞出。紫杉木的导水细胞——管胞，具有惊人的弹性，并且螺旋加厚，就像一连串的螺旋弹簧一样。

紫杉木的寿命很长，具有极强的再生能力。但人们对弓杠的需求和清

理森林建造耕地的行为均对紫杉木造成了极大的伤害。"玛丽玫瑰号"沉船的400年后，在大西洋的另一边，太平洋紫杉也遇到了同样的问题，但这次它们加入到了人体内细胞的战役中。

1962年，生长在华盛顿州的短叶红豆杉（*Taxus brevifolia*）树皮受到了人们的关注，并成为"利用植物潜能"项目的一员，它的作用是可作为一种抗癌药物。树皮中的活性成分被分离出来后，它的结构和作用方式便得以确定，一系列的临床试验也紧随其后。在短叶红豆杉树皮受到关注的30年后（1992年），树皮中的紫杉酚（1994年注册商标为Taxol®）被用于治疗晚期卵巢癌。现在，通过对原研药的改良，许多新药不断出现，并用于治疗乳腺癌、肝癌、颈癌以及艾滋病的并发症卡波济肉瘤。

成熟短叶红豆杉的树皮中含有紫杉酚，大量的紫杉酚仅能合成少量的成品药，而且剥去红豆杉的树皮也就意味着杀死这株树木。1990年，人们意识到这种获得药物的方式会对树木造成极大的破坏，环保人士与美国癌症协会以及两位重要的科学家（即分离出紫杉酚的科学家）一起呼吁合理可持续利用紫杉木，希望能将它列入濒危植物品种。他们的请愿并没有成功，但这个短叶红豆杉行动的确对保护红豆杉产生了一定的影响。在这之后，人们多使用半合成紫杉酚，减少紫杉木原料的使用。此外，人们开始使用其他方式制造药物，如只使用红豆杉的边料、树枝与叶尖，或使用欧洲紫杉木为原材料，或自己培养植物细胞。令人心痛的是，在印度西北部和尼泊尔西部地区，喜马拉雅红豆杉（*Taxus contorta*）的大量砍伐已经造成树木数量的急剧减少（90%的树木已经消失）。现在喜马拉雅红豆杉已被列为世界自然保护联盟红色清单上濒临绝种的植物。

带翅膀的爱神阿莫在教恋人射箭，图片来自中世纪有关骑士爱情的寓言"玫瑰传奇"。图中的阿莫手持长弓，正准备射箭。拉弓需要很大的力气。从"玛丽玫瑰号"沉船中打捞上来的弓箭手的尸体可以看出，他们的肩膀和手肘的骨头左右并不对称，左手为持弓的手臂，而右手为拉弓的手臂。

亚 麻

Linum usitatissimum

亚麻布与亚麻油地毡

爱情就像亚麻，不断改变，越变越甜

——菲尼亚斯·弗莱彻（Phineas Fletcher），《流民》（*Sicelide*，于1614
年上演），第三幕，第五场

尽管一开始种植亚麻是为了获得它含油量丰富、可食用的种子，但至少从公元前4,000年开始，人们就开始使用亚麻制作衣服了。亚麻最早可能是从白亚麻（*L. bienne*）中培育而来的，距今已有8,000年的历史，而它的使用历史则更为久远。

培育过程中一个重要的环节就是基因的改变，这增加了不饱和脂肪酸的含量。如果暴露在空气中，亚麻籽油会逐渐氧化并凝固，应用此反应原理，将亚麻籽油涂到密织亚麻布上，能使古代的贴身盔甲变得更加结实。同理可得，混合了亚麻籽的颜料涂在亚麻纤维画布上时则会形成干层。当然，除了应用于高雅艺术，亚麻籽油也能保护木制品以防受潮。19世纪60年代，弗雷德里克·沃尔顿（Frederick Walton）制造出油毡或亚麻油地毡。他将氧化的亚麻籽油与软木像树皮或木屑混合，并一层一层平铺在织物背面。19世纪80年代，因为地毯容易滋生细菌，家庭主妇们便抛弃地毯转而使用地毡，它更容易清理而且能够防止微生物滋生。20世纪50年代，乙烯基塑料取代了亚麻油地毡的地位，但现在，它重新归来，并成为一种绿色产品。

与那些油料植物相比，富含纤维的亚麻相对高大（达1.2米／4英尺）而且只有顶部长有树叶。在古埃及，亚麻不仅有实用价值，而且是一种神圣的织物。因为亚麻容易脱色，而且耐洗，神殿祭司都会身穿纯白色的亚麻外衣。埃及墓室壁画表明，早在公元前2,000年，亚麻就被制成了亚麻布使用。亚麻布的制作流程如下：首先需要浸水处理，之后进行打麻，获得纺织所需的韧皮纤维（韧皮纤维位于茎的表皮层下）。亚麻纤维可加工成细绳、绳索、帆布（亚麻在浸水之后强度翻倍）及衣物。

亚麻在寒冷的欧洲北部和西部长势良好，常与羊毛混合，作为羊毛制品的底层，使之更加亲肤且具有吸水性。棉花与丝绸十分讨人喜欢，但在非本土地区却异常昂贵。亚麻布则是日常生活中所使用的织物。在中世纪后期，城镇化蓬勃发展，高端的亚麻布因其各式各样的风格和编织方法在市场占据一席之地。从床单到祭台布，高档亚麻布找到了自己的用武之地。

越来越多的亚麻布在市场出现，但这也就意味着，使用后的废布也会越来越多。12世纪西班牙穆斯林将造纸技术（利用废布为原料造纸）从中国引进到欧洲，解决了这个问题，虽然这个过程十分漫长。自16世纪起，许多亚洲亚麻织造中心，如布鲁日、安特卫普、贝尔法斯特，均生产出了有当地特色的织物，并获得了一定的声誉，而俄国则以盛产原材料而闻名。海上贸易与战争增加了人们对帆布和船员宽松罩衣的需求。随着战争的变化，亚麻也有了新的作用。第一次世界大战期间，机关枪带上的弹药袋就是亚麻布制成的。因为亚麻布有防水性，也用作飞机的防雨布。

亚麻布没有弹性，容易出现折痕，因此逐渐失去了人们的青睐。廉价棉花和合成纤维的出现冲击了亚麻在布料市场的地位。但在加入新的混纺纤维、贴上昂贵的价格标签，并且标榜稀缺性之后，亚麻这种古老的布料再次绽放光芒。此外，亚麻食物以α–亚麻酸为卖点，再次成为一种潮流。α–亚麻酸能在人体内转化成Ω–3脂肪酸，有助于预防心血管疾病。

Le Lin commun
Linum usitatissimum Linn.
Ital. Lino domestico. Esp. Lino. Angl. Flax, Flax. Allem. Flachs.

安徒生童话中有一则关于蜕变的寓言，名为《亚麻》（*The Flax*，1843）。亚麻从最初的田间植物演变成织物的原料，从装破布的袋子发展到制造纸张的原材料，最后成为壁炉的燃料。令人振奋的斯多葛主义或许是安徒生先要表达的意图，但他巧妙地捕捉到亚麻的效用。

大　麻

Cannabis sativa

纺织品与古老的绳索

> 我们是三个快乐的小男孩，
>
> 在绞刑架下被大麻绳绞死，
>
> 但这里一直是我们欢唱的地方。
>
> ——约翰·弗莱彻［John Fletcher，与本·琼森（Ben Jonson）及其他人］，
>
> 《手足相残》（*The Bloody Brother*，约 1616 年）

　　大麻是一年生植物，人工栽培的大麻可高达5米（16英尺以上）。从大麻高大的茎秆中获得的韧皮纤维可用于制作纺织品与纸，同时，它也广泛用于制作细绳、纤维绳及绳索。从大麻籽中提取的大麻籽油可供食用。人们将从不同植物中获得的纤维统称为"大麻"，但是只有从大麻植物中提取的纤维才是真正的大麻。大麻植物中一种较矮、多叶的品种是影响神经活动的大麻素的主要来源。大麻素主要集中在雌花中，常与大麻叶一起加工成印度大麻制剂与大麻毒品。

　　大麻的韧皮纤维和大麻素在其原产地（亚洲中部和东北部）的使用历史悠久。中国的萨满教巫医运用大麻的麻醉性达到医疗目的。大麻的这些用处从中国向西传播到印度。中国新石器时期的一件陶器，名为"桑麻地"，就带有大麻织物的痕迹。桑叶是蚕的主要食物，富人使用桑蚕丝做衣服而穷人则使用大麻。在儒教思想的影响下，不论贫穷富有，儿女都需要披麻戴孝为过世的父母守丧。在汉朝（公元前206年至公元200年），造纸术有了质的飞跃，可以利用新的或回收的大麻纤维（衣服和渔网）及桑树皮造纸。

　　在大麻被广泛传播到西方之前，处于经典时期的地中海地区就已开始大量使用大麻绳索和纤维绳。因为贸易、探险和航海征服都需要用到舰船，船的体积和复杂性都有所增加，因此，对大麻的需求也就不断增加。大麻（与亚麻）制成的船帆和索具能够有利于舰船前行，而船员们可以在麻帆布制成的吊床上休息。巨大的系船锁与大麻绳索能够固定船只使其不漂离海岸，而麻绳则能用来测量水深。

　　弗吉尼亚（新世界）的土壤和气候适宜大麻生长，因此早期的定居者只能种植这种植物。19世纪，美国人撑着"细帆布"为篷的大篷车向西出发

CANNABIS SATIVA.
Der zahme Hanf.

Tab. 706

大麻是很多有用产品的原料，同时也是一种麻醉药。在合成纤维出现前，用结实的长纤维做的麻绳是航海中重要的物品。人们在麻绳上涂上焦油以免变质。当麻绳磨损时，人们把麻绳拆开，拆出来的麻絮用来填允船体和甲板上的缝隙，拆麻絮这一艰巨的任务曾经是海军的一种惩罚。

想要开拓全国。但是，是俄国最后满足了日益增长的海军需求，因此，彼得大帝意识到可以将俄罗斯一些广阔的土地用于种植大麻，并以奴隶作为劳动力。这个做法取得了巨大的成功，大麻也成了主要的出口农作物。

随着帆船退出历史舞台，合成纤维不断兴起，大麻的地位也逐渐丧失。现在，大麻主要用作麻醉剂或毒品，而且大部分的大麻交易都是不合法的。但因为大麻油和大麻籽有益健康，而且大麻纤维天然环保，一种四氢大麻酚（THC）含量较少的新品种东山再起，成了主要的商业植物，受到大家的青睐。

= G. hirsutum Linn. Sp. Pl.
forma religiosa Roxb.
fl.

No: 1497 Gossypium religiosum Willd

1497 Gossypium fuscum R.

herbaceum G. religiosum, Roxb.
= G. ~~barbadense~~ var. religiosum, Mast.

棉 花

Gossypium spp.

世界的外衣

棉花至上。

——戴维·克里斯蒂（David Christy），1855年

牛仔裤无所不在，极受欢迎，这大大保证了全世界对棉花的需求，但人们也为此付出了巨大的代价。现代化的种植技术需要使用大量化肥、农药（大部分为石油衍生物）及水。在温暖的气候条件下，棉花为多年生植物，并且能长成棉花树。但通常情况下，棉花为大型灌木，高达2米（超过6英尺），被认为是一年生植物。棉花在生长期需要肥沃的土壤、充足的降雨量，而在收获期则需要干旱的天气。棉花属下有近50个品种，但仅有4种能够获得植物纤维，而且这些植物纤维均来自成熟的种荚或圆荚。新世界的两个品种陆地棉（*G. hirsutum*）和海岛棉（*G. barbadense*）是前哥伦比亚时代主要使用的植物。旧世界的两个品种木本棉（*G. arboretum*）和草本棉（*G. herba-ceum*）一直饱受赞誉。

木本棉和草本棉的野生原种至今没有确定，因此，它们的起源也并不明确，但它们有可能原产自非洲。考古学证据表明印度次大陆棉花的历史可以追溯到公元前2500年。希腊历史学家希罗多德（Herodotus）描述了这两种植物和印度绳索的编织方法。但印度在更早之前便已有相关记载。"棉花"这个词源自梵文，自8世纪开始，阿拉伯人在扩张帝国统治的过程中将棉花引进到西西里岛和西班牙。但是欧洲的纺织技术与印度并不能相提并论，印度的平纹细布与印花棉布精致又美丽。早期欧洲的大部分棉布为棉麻粗布，是棉花与亚麻的混合物。

早在前哥伦比亚，棉花就已在新世界定植。海岛棉原产自秘鲁，是沿海地区与山地地区间重要的贸易商品。沿海地区需要使用山地地区种植的海岛棉制作渔网。在公元前1,000年的秘鲁帕拉卡斯文化中，羊驼毛线与棉线一起编织，制成精致的纺织物。尽管"埃及棉花"现在广泛种植于埃及，但它事实上是新世界品种。陆地棉曾多次被培育种植，特别是在中美洲。16世纪早期西班牙入侵者放弃了扎人的毛织品与麻织品，转而使用更柔软的棉织品，阿兹特克人就常身穿这种棉织品。这个品种现在垄断了世界上90%的棉花生产。

对页图：印度土产木本棉（*Gossypium religiosum*）的花朵、成熟的棉铃和种子。从手写记录中可知，南美棉花已更名多次。威廉·卢克斯堡在印度被授命画了这幅画，印度很多托钵僧都种植这种植物，而且在寺庙附近这种植物也随处可见。

棉花经过了一段时间的发展才成为欧洲常见的植物，但它的确改变了纺织业。因为棉织品比羊毛织品和亚麻制品更容易清洗，所以对清洁和公众健康也有重要的影响。

最初，大部分欧洲棉花都是从印度进口而来，东印度公司享受棉花的垄断权。在18世纪，随着利用效率的提高和机械的改良、圆荚与种子的分离，以及纤维梳理与编织的技术进步，英国北部兰开夏郡的布艺生产取得了革命性的进展。

美国人也运用自己的聪明才智改良了棉花的加工过程。伊莱·惠特尼（Eli Whitney）于1793年发明了轧棉机，能迅速将圆荚内种子的纤维分离出来。这些进步使棉花织物的价格有所下降，也刺激了棉花的需求量。随后，美国与印度在棉花产品供应上产生了竞争关系。南部地区的气候环境更加适宜棉花生长，1807年，田纳西州开始大规模种植棉花，随后其他地区也开始种植。非洲奴隶是种植园中的主要劳动力，受到残忍的待遇。而这种不人道的种植方式曾让甘蔗在世界市场占有一席之地。到1853年，美国出口至英国的棉花量急剧上升，对印度的确是一个巨大的冲击。

美国内战（1861—1865年）阻碍了棉花的供应，而印度所提供的棉花只能填补部分需求缺口。兰开夏郡工厂失业率上升，英国对此次战争的赞同度也因此有所下降。但事实上，奴隶问题是此次内战的一个诱因。内战以南方失败告终，奴隶制被废除，之前的种植园体系遭到瓦解，但这并不能阻止棉花作为美国单一作物的地位，也无法阻止害虫和疾病的侵袭。但其中最糟糕的情况当属19世纪后期的棉籽象鼻虫灾，因为雌性棉籽象鼻虫会将其虫卵直接排在棉花的花苞上。

农业生产与虫害之间的博弈不断持续，需要借助杀虫剂和转基因植物来解决两者之间的矛盾。不仅如此，棉花种植也需要使用化肥和大量水，因此，受到环保人士的批评。话虽如此，但棉花的需求量仍居高不下。棉籽和棉籽油的用途广泛，从动物饲料到颜料，无一不包。回收纤维则可用于制造美元纸币。短纤维可用于制作鞋子、手包，以及装订图书，还可提取纤维素制作炸药。同时冰淇淋、X射线胶片、涂料及化妆品中也含有少量棉花产品。刺激棉花全球消费的并不只有牛仔裤。

No. 1495

(1493) Gossypium herbaceum, W.

竹 子

Bambusoideae

竹杆的强度与用途

绘有笋尖和竹子精致的叶子的一块日本漆器。由于其象征意义和与书法的联系,竹子经常出现在东亚艺术中。

> 劳动者必须剪去他们的指甲,但生活安逸的人却可以留长指甲……到了晚上,还用小竹片装饰自己的指甲。
>
> ——彼得·奥斯白克(Peter Osbeck),1771 年

19世纪,当欧洲人和北美洲人来到盛产竹子的中国和日本,体验到这里的物质文化时,他们被空心竹秆用途的多样性所震惊。了解这种工艺为西方人打开了新世界的窗户,他们用竹子取代了其他木制和金属产品。可以这么说,亚洲的热带和亚热带地区正生活在一个"竹的时代"。

如今人们不断发现竹子这种世界上长得最快的"木本"植物(实际上它们并不是真正的木材)有越来越大的潜在经济效益。根据记录,在毛竹(*Phyllostachys edulis*)的最快生长期内,每24小时就可以生长120厘米(近4英尺),毛竹最高可以长到28米(92英尺),能为建筑工业提供原材,为纺织业提供纺织纤维。毛竹幼嫩的竹笋也可食用。

竹子为阔叶草本植物(禾本科)。作为森林成员之一,它们并不是生物多样性系统中唯一的主要草系植物。在全球已确定的竹子物种约有1400种(属于115个属)。所有竹子可以分为三类:竹族(Bambuseae)与青篱竹族(Arundinarieae)是最主要的两类,而莪利竹族(Olyreae)则主要生长在美洲。很多竹子的品种很难进行研究,因为它们几乎不开花。1912年,毛竹样本在日本中里开花,所得到的种子被种在横滨和京都,虽然两地相距350千米(217英里),但长出的毛竹在1979年同时开花了(这种同时开花的现象被称为果实开花),使它们67年的生命周期变得完整。据估计,桂竹(*P. reticulate*)从种子到开花的生命周期大概为120年。竹子埋在地下的块茎也能繁殖生长,因此竹子可以迅速繁衍。它的生长有两种方式,一种为扩张生长,即在土壤下向四周延伸,生长出新芽;另一种为丛状生长,即从原来植株的侧面萌生出新芽。

竹子的品种多种多样,生长迅速,使其除了简单的厨房用途(包括作为食物和制成筷子),还具有其他丰富的用途。将竹茎劈开可以用于编织,用竹子编成的席子可以制成房屋的墙壁或帽子。竹篮子看上去很普通,但是竹

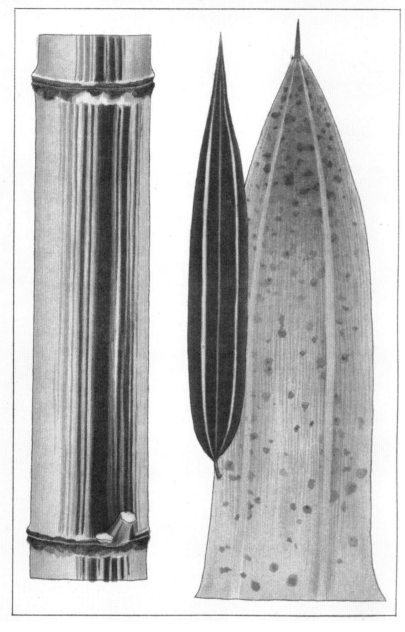

高达 5 米（16 英尺）的金明竹（*Phyllostachys castillonis*）的竹节、竹叶以及叶鞘局部。竹子是一种巨大的、多功能的草本植物。中国长城的建造（在公元前 5 世纪开始）和大运河的修建（公元 5 世纪）都得益于竹制的手推车，这种有篷的手推车可以装载 165 千克（365 磅）的货物。

制品装载和运输的功能则是所有功能的基础。用竹篮可以把家禽带到市场销售，竹笼可用于捕鱼，竹制盘子可用于养蚕。将竹子捻成缆绳，可以和整根竹竿绑在一起搭成竹桥，连接河流两岸，而竹筏则可以在桥下穿过。竹制容器可以盛水，也可以起到引流的作用，如灌溉所用的管子和水轮、水桶、杯子。一根简单的竹竿可以作为担子扛在肩上，两边可各挂一个重物，两根竹竿可以制成轿子。从室内到室外的家具、房屋、寺庙及大建筑的脚手架，都可由竹子制成。竹子可以做成毛笔用来书写，人们也曾使用竹子或在竹子上记录文字——曾经在竹简上，现在在纸上。大熊猫并不需要竹子的这些功能，但它们需要吃掉大量的竹子，而且一些品种的竹子开花后就会死亡，因此熊猫生存的竹林需要有足够大的面积能使它们转移生存。

桃花心木

Swietenia spp.

家具木材的不二选择

> 桃花心木的强度大，是所有木材中最适合做家具的。桃花心木家具制作工艺简单、外形美观而且打磨精致，适合放在任何房间里。
>
> ——托马斯·喜来登（Tomas Sheraton），1803 年

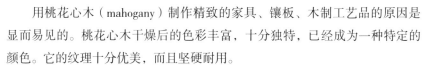

具有 18 世纪中期设计风格的桃花心木三角桌，时尚感十足，设计有陷皮饼圈的纹路。起初这样的桌子是用一整块木头制成的，但后来的产品也会使用边材制作。事实上这是一个玩具桌子，但即使是放在玩具娃娃的屋子里，也要使用最好的木材。

用桃花心木（mahogany）制作精致的家具、镶板、木制工艺品的原因是显而易见的。桃花心木干燥后的色彩丰富，十分独特，已经成为一种特定的颜色。它的纹理十分优美，而且坚硬耐用。

"真正的"桃花心木属于桃花心木属（*Swietenia*），尼古拉斯·雅基（Nikolaus Jacqui，荷兰人，林奈的弟子）为了纪念他的赞助人热拉尔·范·斯维登（Gerard van Swieten，维也纳医学教授）而将其命名为桃花心木。林奈曾以为桃花心木是雪松的一种。南美桃花心木广泛地分布在大陆和加勒比的热带地区，当地居民已经使用这种木材多年。南美桃花心木有三个近亲品种，分别是西印度群岛桃花心木（*S. mahagoni*）、墨西哥桃花心木（*S. humilis*）和大叶桃花心木（*S. Macrophylla*）。西印度群岛桃花心木主要生长在南佛罗里达州和加勒比地区，北至巴哈马；墨西哥桃花心木叶子较小，更适宜生长在干燥的环境，分布范围从美国南部的北方到墨西哥；大叶桃花心木深受现在种植园喜爱，主要分布在巴西和洪都拉斯。这三种桃花心木可以自由杂交。它们为欧洲和北美洲的大多数精美家具、雕刻和建筑建造提供了原材料。桃花心木的进出口额在 19 世纪末期达到高峰，从那时起桃花心木开始变得越来越稀缺。

桃花心木的生长需要阳光和温暖的环境，它独立生长，且生长缓慢，这意味着现在没有可以开发的桃花心木林。因此独立生长的桃花心木需要独立砍伐，并且需要花费大量劳力将它们拖到通航水道、公路或（现在的）火车终点站进行运输。如果种植间距合理，桃花心木是可以在种植园大量种植的。桃花心木蛀虫是一种危害严重的害虫。现在桃花心木种植园已经在印度、孟加拉国、印度尼西亚和斐济建造成功。为了保护这种壮丽的植物（大叶桃花心木最高可达 70 米 / 230 英尺，直径可达 3.5 米 / 12 英尺），有两件事迫在眉睫。

第一，桃花心木已被《濒危野生动植物种国际贸易公约》（CITES）列为

小叶桃花心木（*Swietenia mahagoni*）的开花树枝，拥有五个叶状的种皮和种子。蒴果整个冬天都长在树上，直到春天到来，蒴果开裂释放出里面的种子。在它的原产地加勒比地区，树皮可以制成传统的药物。

濒危植物，它的开发利用也受到了更严格的监管。亚马逊桃花心木的大量浪费促进了监管的实施。亚马逊为了建造农场或者发展饮食业，大规模清理土地，大量树木被伐并烧毁。即使管控严格，但仍有很大比例的桃花心木被非法砍伐。据统计，秘鲁是现在世界上最大的桃花心木出口国，但多达八成的桃花心木是非法生产的。

第二，现在所说的"桃花心木"包含了很多其他硬木植物，很多植物与桃花心木甚至不同属。非洲桃花心木属于卡欧属（*Khaya*）或者非洲楝属（*Entandrophragma*）；斯里兰卡桃花心木是一种松树；而菲律宾、新西兰和中国的桃花心木也是其他类型的树。它们都被统称为"桃花心木"，并在市场上推广。所以在木材多种多样的今天，汤玛斯·齐本德尔（Thomas Chippendale，欧洲家具之父）、亚当兄弟、乔治·赫普怀特（George Hepplewhite）或欧洲和美国的其他设计师与工匠制作家具所使用的也许是或者不是同一种桃花心木。但真正的桃花心木持久耐用，依旧吸引着世界各地的顾客。除了家具，桃花心木也用于制作路德维希鼓和最好的电吉他，包括吉普森（Gibson）公司的电吉他。因为桃花心木做的乐器可以发出柔和响亮的声音。这种木头的美丽与耐用性始终值得人们欣赏，并且物有所值。

经济作物

让一切有所回报

一直以来,人们都用植物产品进行物物交易或换取金钱。古地中海、亚洲以及新世界之间存在巨大的贸易关系网,不断进行木材、食物以及布料之间的贸易。人们对经济作物的现代开发主要体现在种植规模和出口植物的批量运输上。

在欧洲人发现烟草之前,烟叶就在新世界传播开来,而且使用方式与现在大致一致。而在欧洲人将它带到加勒比海和美国大陆之前,甘蔗就已经从太平洋岛屿运输至亚洲、西南亚及非洲。在中国,茶树的监管十分有力,但茶籽和幼苗仍被偷运至印度、斯里兰卡及非洲。咖啡树从原产地埃塞俄比亚逐渐传播到新世界、爪哇国及非洲其他地区。人们对茶叶、咖啡以及蔗糖的需求同时增加。蔗糖、烟草与棉花刺激了新世界奴隶交易的发展,原因在于这三种农作物是劳动密集型农作物,种植园园主想要增加产量就需要雇佣大量劳动力。

与咖啡和茶叶一样,巧克力也含有兴奋剂。但不同于新世界的食用者,欧洲人更喜欢它的甜味。欧洲人改进了巧克力的加工方式,并将它的生产扩大到非洲的一些热带地区,远远超出了中南美洲(巧克力的原产地)。现

The Flower, fruit & plant: of the Bonanas.

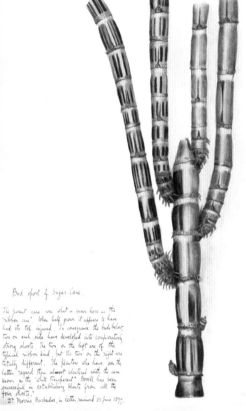

Bud sport of Sugar cane.

The parent cane was what is seen here in the "ribbon cane". When half grown it appears to have had its top injured. In consequence the buds below two on each side have developed into comparatively strong shoots. The two on the left are of the typical ribbon kind, but the two on the right are totally different. The planters who have seen the latter regard them almost identical with the cane known as the "white transparent" Bovell has been successful in establishing plants from all the four shoots.

Dr. Morris, Barbados, in letter received 15 June 1894.

在，许多巧克力均产自非洲热带地区。

作为回报，非洲将油椰子运输到马来西亚、印度尼西亚、泰国及中南美洲热带地区。大型种植园在这些地区的发展不可避免地造成了环境破坏，并伴有动物栖息地和雨林的丧失，以及单一栽培所带来的常见问题。

香蕉的种植范围已经远远超出了它的原产地东南亚，并成为一种四季植物。香蕉没有种子，因此是无性繁殖个体，没有自然的遗传变异。这也是香蕉除了单一栽培的缺陷之外另一个令人担忧的问题。香蕉被运输到新世界，作为奴隶的本地食物。19世纪末期出现的冷藏船帮助香蕉拓宽了市场。

亚马逊人了解到橡胶树液不同寻常的特质，但如果想要正确利用树液就需要运用化学技术（橡胶的硫化），使树液内的成分稳定，并且能够适应气候变化。从自行车到汽车，人们对橡胶的需求急剧增加，橡胶种植园如雨后春笋般出现在非洲、中国及菲律宾。化学反应极大地影响了全球范围内槐蓝染料的供应，这种染料提取自亚洲靛青树或欧洲草本菘蓝，以饱满的蓝色闻名。虽然在过去的几千年里饱受赞誉，但现在大部分靛蓝染料都是在实验室合成的。

左上图：正在开花、结果的香蕉茎秆，左侧为香蕉树。这幅图片取自约翰·科威尔（John Cowell）的《奇妙而能盈利的园艺》（*The Curious and Profitable Gardener*，1730），该图曾画在生动的手绘盘子上。在邱园图书馆副本中有一行标注，写道"这些盘子都是按照它们自然的颜色上色的。"这个副本来自汉斯·斯隆爵士图书馆。

右上图："甘蔗的芽突变"是根据19世纪末期在巴巴多斯岛上进行的各种尝试与实验而创作的原创性艺术作品。这种有甜味的草本植物具有各种各样的颜色和样式。

茶 树

Camellia sinensis

全球贸易的秘诀

我对永垂不朽并不感兴趣，

我只对茶叶的味道情有独钟。

——卢通（Lu Tung，音译），9世纪

释迦寺的西藏茶壶，约瑟夫·道尔顿·胡克在其首次植物研究后，将这个茶壶带到了邱园。西藏人喜欢传统的砖茶这种茶的制作过程是先蒸，然后挤压，最后陈化。弄碎后，这种茶可与盐、酥油和热水在竹制容器里混合，然后放在火盆上的茶壶里保温。

不论是茶树还是饮茶文化，均来源于中国。茶树是一种引人注目的常绿灌木（如果任其生长，可长成大树），适宜生长在气候温暖、降雨量充足以及土壤偏酸性的高地。与咖啡和其他一些植物一样，茶叶中含有两种特别重要的生物碱：咖啡因和茶碱。这两种生物碱均有刺激性与致瘾性，是茶（和咖啡）文化经久不衰的原因。

中国饮茶文化的起源具有一定的神秘性，大约在公元前500年，人们收集茶叶并开始饮茶。但在更早以前，人们就会咀嚼茶树叶，这一习惯至今仍在中国的西南地区有所保留，那里也是野茶树的原产地。茶叶的种植、制备及使用与中国古老而又动荡的历史息息相关。茶叶曾作为货币和官方支付方式，同时，进行茶叶交易需要收取高额的税金。其次，茶叶种植与销售曾由国家垄断以获得收益最大化。茶叶的味道受到人们的推崇，取得了至高的宗教意义。

茶叶的两个主要类别为绿茶和红茶，其区别在于不同的采摘和加工方式。采摘茶叶时只有茶树尖端的两片叶子和嫩芽是采摘的目标，而且采摘工作至今只能人工完成。绿茶选用的是较嫩的茶叶，而且"发酵"（氧化）时间较短。因为绿茶更加清淡可口，在中国较受欢迎。红茶的加工时间更长，更加充分，因此口感较强烈，更受其他国家的青睐。除了这两种茶叶，乌龙茶也很受欢迎。炒茶是一个复杂的过程，需要有丰富的知识和技巧。如果制作精良、包装妥当，茶叶可以保存很长一段时间，这也是茶叶一直以来受到全世界人喜爱的重要原因。

饮茶文化在中国社会占据了重要的地位，因此也衍生出了一些饮茶仪式。805年，僧徒在中国学习并将茶叶带回到日本，随后日本便将这些饮茶仪式变得更加程序化。16世纪后期，茶叶专家千利休（Sen Rikyū）将日本

的饮茶仪式推向巅峰，达到了最高形式。这种饮茶仪式需要在精致的房间内进行，要遵守一系列严格的规定，而且参与人员是一位主人五位宾客。宾客的进场离场、仪式的进行、期间的对话以及各项流程的顺序都需要经过精心的安排。从这个意义上来看，茶叶本身仅是仪式广泛意义的附带品。尽管如此，仪式所用的茶叶仍需要精心准备、发酵、招待给宾客，一切都需要做到尽善尽美。1591年千利休实践了最高形式的饮茶仪式之后，不同的饮茶仪式开始出现（出现的理由不详），茶叶的仪式般的重要性成了日本生活的一个特色。

茶叶在中国社会也十分重要，蒙古族人将茶叶与牛奶和黄油混合，创造出一种新的饮料。茶叶逐渐被传播到俄罗斯和亚洲国家。据记载，最先品尝到茶的俄罗斯人为17世纪早期在蒙古使臣陪同下前往中国的两位俄罗斯使者。当茶在俄罗斯走红之后，俄式茶饮开始融入俄罗斯的家庭生活，这种茶饮巧妙的内部管道构造使热水与茶叶总是现成的。大部分茶叶都是经过恰克图进入俄罗斯的。恰克图曾是蒙古边界一个繁华的小镇，正是茶叶市场的繁荣奠定了它的历史地位。

茶叶通过船运达欧洲。15世纪后期，经过好望角到达亚洲的海上航线开放之后，有关茶叶的报道慢慢传播到葡萄牙和其他欧洲国家。17世纪早期，荷兰人开始将茶叶进口至欧洲，日记记者塞缪尔·佩皮斯记录下了他第一次饮茶的经历，时间是1660年9月25日。随后，人们也能够在市场上购得茶叶，伦敦交易所胡同的加韦咖啡屋是首个向公众售茶的地方。与咖啡一样，茶也迅速成了一种时尚。但昂贵的进口税也滋生了茶叶的偷运行为。

在近200年的时间里，欧洲人并不知道中国种植茶叶的具体地点，因为茶叶贸易受到了政府控制，而且几乎没有欧洲人可以进入广州（主要港口）以

用竹筏运输茶叶、打包茶叶、黏贴商标，以及称茶的场景——中国人亲力亲为的中国贸易。到19世纪，很多中国官方贸易在广东港口进行，在那里外国商人可以建立贸易公司和工厂，但是在内陆这是不允许的。他们只能和政府特定的商人或"公行"（Gong Hang）交易。

左上图：《纽伦堡的"赫斯帕里得斯"》，作者为约翰·克里斯托弗·福尔克默，收录于《帕多瓦的佛手柑花园》（*Bergamotto Foetifero da Padoua*）中。佛手柑（*Citrus bergamia*）柑皮中的精油为伯爵茶增添了独特的风味。佛手柑被认为是一种杂交品种，杂交母体为甜的柠檬和较苦的柑橘。

右上图：茶树种植园里悠闲的场景，引自《中国茶叶栽培与制作报告》（*An Account of the Cultivation and Manufacture of Tea in China*，1848），作者为塞缪尔·波尔（Samuel Ball）。回英国后，他在英国的东印度公司担任茶叶检察官，并写了这本书，以帮助那些试图在英属印度和帝国其他地区的茶农。

外的地方。事实上，将茶叶从生长加工的内陆运输出去需要有严谨合理的组织和人力。一开始人们误以为红茶和绿茶来自不同的茶树，这当然也是可以理解的。

饮茶的利弊一直以来都广受争议，18世纪的词典编纂者塞缪尔·约翰逊（Samuel Johnson）是一个资深的饮茶爱好者，他也曾为自己的饮茶习惯争辩。随后茶逐渐成了英国人生活的主要部分。英国对茶叶需求很高，而且中国偏爱用银币进行交易，这促使英国想要向中国出口商品以平衡收支。鸦片成了他们的首要选择，19世纪鸦片战争发生的一个诱因就是英国人对茶叶的痴狂所产生的占有欲。19世纪中期，运茶快船成了往来中国与英国港口间最快的交通工具，尽管制作精良、包装妥当的茶叶储存完好，这场运输工具间的较量仍被认为有一定的新闻价值，而且并不会影响茶叶最终的口感。

消费者需求促使人们寻找其他种植茶叶的地方，在经历了最初的种种困难之后，英属印度的茶树培育不断取得成功，首先是在阿萨姆邦，随后扩展到大吉岭及其他山地地区。这极大地鼓舞了其他地区茶树种植园的发展，包括肯尼亚和非洲东部其他地区。在真菌病肆虐了锡兰（现更名为斯里兰卡）咖啡种植园之后，茶成了他们的救命稻草。

现在茶仍是世界上最受欢迎的饮品之一，特别是在英国、澳大利亚，以及早期种植茶叶的地区，如中国和印度。在这个摩登世界，品牌茶叶在市场上占据主导地位，很多品牌仍保留早期创业者的名字，如立顿和川宁。格雷

Tea plant.

伯爵茶添加了柠檬的风味，也是一个饱受欢迎的品牌。曾被内行嘲笑的茶包（1908年）最终将茶这种精英饮品变得大众化。

野茶树和山茶花属于同一个属，图为野茶树开花的枝条。茶树尖或幼芽尖，也就是"两片叶子和一个嫩芽"是采摘的目标，一年采摘两次，一次在早春，另一次在晚春或者初夏。"茶芽"不是未开的花朵，而是未成熟的未打开的叶子。

咖啡树

Coffea spp.

唤醒整个世界

咖啡让我们变得严厉、严肃、严谨。

——乔纳森·斯威夫特（Jonathan Swift），1722 年

世界上最常用的一种精神药物就是咖啡因。事实上，茶叶中咖啡因的含量要比咖啡更多，但是一杯咖啡所含的咖啡因则是一杯茶的10倍。咖啡属（*Coffea*）下有两个特别重要的品种：阿拉伯咖啡（*arabica*）和罗布斯塔咖啡（*robusta*），它们占据了世界上几乎所有的咖啡产量。阿拉伯咖啡的香气和口感更加丰富、淡雅，而罗布斯塔咖啡则相对便宜，口感更强烈，苦味更重，是速溶咖啡的不二选择。大多数商用咖啡是这两种咖啡的混合物。

咖啡属于热带茜草科，适宜生长在气候温暖、降水充沛的高地。咖啡的原产地为现在的埃塞俄比亚，这里不仅有培育的也有野生的咖啡树。根据传说，有一位年轻的牧羊人发觉他的山羊误食了咖啡豆（种子或是豆荚）之后，变得异常活泼，欢腾跳跃。后来，这个牧羊人自己也喜欢上了咖啡豆。不管传说如何，吸吮咖啡豆是最早使用咖啡豆的方法。随后，人们烹煮咖啡叶和咖啡豆以得到富含咖啡因的咖啡。

中世纪的阿拉伯文字材料首次提到了咖啡这种饮品，而在几百年的时间里，咖啡的使用都仅限于非洲北部和亚洲西南部。咖啡受到穆斯林教士的青睐是因为咖啡能使他们在晚上保持清醒，继续冥想。咖啡豆在后来被运输到东方，于17世纪早期在印度、斯里兰卡及其他亚洲国家种植。也是在相同时间，欧洲人发现了咖啡的作用。大约在1475年，君士坦丁堡（伊斯坦布尔）开了一家咖啡屋，那里的欧洲人对咖啡这种新型饮品十分热衷。

自17世纪中叶以来，咖啡屋成了欧洲文化中一个重要的部分，特别是在伦敦、巴黎、阿姆斯特丹、维也纳及柏林等城市。在咖啡屋，与咖啡一样重要的还有最新的报纸和有关时事新闻的讨论。当然，咖啡和茶（这两种饮品与巧克力几乎是同时出现的）仍是咖啡屋存在的主要原因。在维也纳，咖啡屋至今仍起到了重要的文化与政治作用。1683年，维也纳人突破土耳其人的围攻，击退他们的军队，在他们落下的物资中发现了珍贵的咖啡豆。

咖啡和茶都是人们喜爱的咖啡因饮品，而且它们均具有相同的社会功效

Coffea arabica

和兴奋剂的作用，因此这两种饮品之间的竞争也一直存在。法国人喜爱饮茶，但在18世纪，咖啡才是法国人最受欢迎的饮品。在法国大革命前夕，巴黎就已有2,000家咖啡屋。在19世纪的英国，茶因为价格便宜、容易运输与储存，取代了咖啡的地位。美国早在1670年便拥有了第一家咖啡屋，而且一直以来，咖啡的发展历史与美国的经济和政治命运都息息相关。到19世纪，美国成了世界上主要的咖啡消费国，咖啡在美国的地位也显而易见。与此同时，咖啡也被传播到全球许多地区，在生长条件适宜、劳动力充足的地方种植。

这些地区通常为欧洲殖民地的一部分，包括美洲的巴西、哥伦比亚、哥斯达黎加，非洲的肯尼亚，亚洲的锡兰（现称斯里兰卡）、爪哇岛（殖民时间最长）。巴西一直以来都是主要的咖啡供应国。巴西的咖啡丰收总会间歇性受到气候的影响，如恶劣天气或偶然性的干旱，但最主要的影响还是咖啡树不能承受的极寒天气。因为咖啡对巴西的国际收支平衡起到了至关重要的作用，历任政府都会帮助种植者协会在丰收期解决库存过剩问题，促使国际价格上涨，并在产量较少的时候提供补助，使种植者渡过难关。国际金融家，特别是美国金融家，也会投资咖啡馆，或为咖啡种植者提供资金。

咖啡是劳动密集型产业，因为咖啡豆的采果期并不集中，因此无法使用机器收割，必须要人工进行采摘。咖啡消费国进口生咖啡豆进行烘焙，这道工序说起来简单，但做起来却不容易。咖啡豆烘焙的时间越长，颜色就越深。这道工序将咖啡豆内芳香而又不稳定的化合物释放出来，成就了咖啡独特的香气与味道。咖啡的香气是世界上最诱人的气味之一。尽管速溶咖啡的味道与现磨咖啡不同，但打开一罐速溶咖啡，仍能闻到这种诱人的香气。比

阿拉伯咖啡的花朵（右）与开花后所结的咖啡豆（左）。这幅水彩画是摩奴·拉尔（Manu Lal，1798—1811）根据印度画家发明的剧团流派风格而画的。这种风格是为了满足英国人对植物、动物和人自然表现的需求。很多艺术家包括拉尔在内都曾在经营整个国家的东印度公司工作过。

种植园大量种植咖啡并进行加工。在巴西,咖啡豆用蒸汽进行干燥,该图取自弗兰西斯·瑟伯(Francis Thurber)的咖啡专著《咖啡:从种植园到杯子》(*Coffee: from Plantation to Cup*,1881),由美国杂货商出版协会出版。瑟伯经过广泛地游历,写了很多有关咖啡生产和消费的文章,包括描写了很多植物园的恶劣工作环境。

利时人乔治·华盛顿(George Washington)于1906年在危地马拉发明了一种速溶咖啡(但他不是第一人),随后,他移民去了美国。第一次世界大战让速溶咖啡成了天赐之物,只要有热开水,士兵就能喝到它。故此,美国军队将华盛顿称为"士兵的朋友"。现在的速溶咖啡多选用冷冻干燥的咖啡豆,将其研磨成粉末或颗粒保存在咖啡罐中。

对于很多人来说,一提到咖啡就会想到速溶咖啡。现在新兴的咖啡屋迎合了信息时代的需求,拥有了自己的客户群,他们关注咖啡的来源、味道及冲泡形式。而以前的咖啡屋则主要满足人们对报纸上的信息和温暖的炉火的需求。

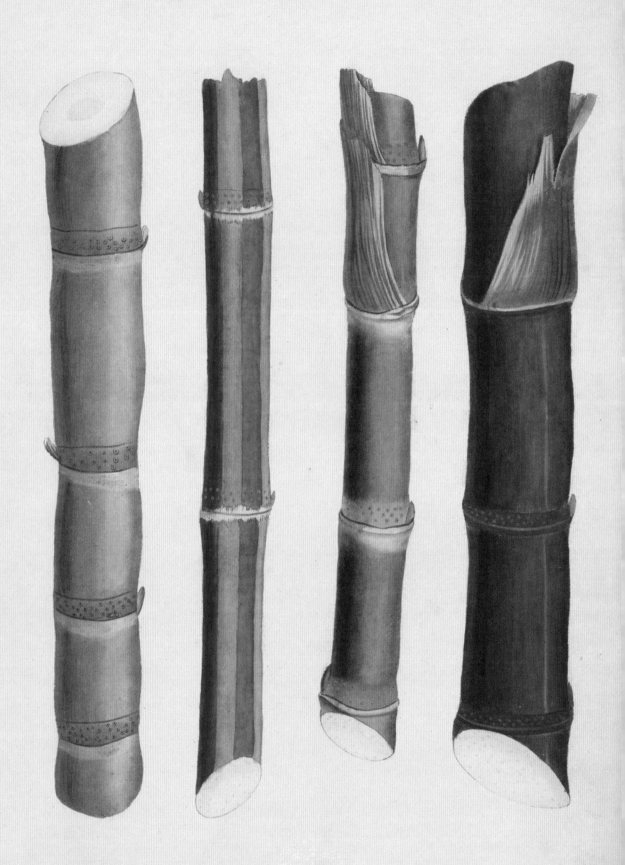

甘 蔗

Saccharum officinarum

奴隶贸易中的甜料

我在你周围圈出一块甘蔗地，让你放下仇恨。

这样你就可能会爱上我，永不离开。

——阿阔婆吠陀（Atharva Veda）的圣歌

喜好甜食并不是什么新鲜事。早在便宜而高度精制的白糖出现以前，人们就在寻找自然界中含有甜味的食物。糖分在植物和动物体内都很常见。蔗糖的一个主要来源是糖中之王甘蔗。甘蔗属于禾本科，最先种植于新几内亚。甘蔗属下的植物容易杂交，但它们的野生原种并不明确。竹子茎秆中空，但甘蔗茎秆内部却充满植物纤维，其中甘蔗汁含有17%的蔗糖。人们在很早以前便发现了这个令人开心的事实，生活在太平洋岛屿的人们咀嚼甘蔗，印度与中国则早在公元前便已种植甘蔗，亚历山大大帝将甘蔗从印度带回欧洲。公元1世纪前叶，斯特拉博（Strabo）在写作时引用早期的报道，将甘蔗比作"产蜂蜜的芦苇"。

早在古代，人们便已经研究出了甘蔗的加工程序，提取甘蔗液，进行蒸煮变成固态的糖。印度人将这种原始的褐色的固体称为"粗糖"。到公元7世纪，波斯人发现在树液中加入石灰可以使产生的蔗糖变白。阿拉伯人在亚洲西南部、北非以及地中海一些岛屿上建立甘蔗种植园并进行灌溉。尽管甘蔗的价格昂贵，但它从这里逐渐进入欧洲市场。蜂蜜中的主要糖分是果糖，仍为现在主要的甜料。

甘蔗是热带植物，适宜生长在土壤肥沃、雨水充足、光照充沛的环境。一些品种的高度可达6米（大约20英尺）。由于欧洲人对高档产品的需求增加，伊比利亚人在马德拉群岛和加那利群岛建立了许多种植园。哥伦布在他第二次航海时将甘蔗带到了新世界，这里的加勒比地区十分适宜甘蔗的生长。蔗糖之所以价格昂贵，是因为生产蔗糖需要耗费大量劳动力。结实的甘蔗在收割时需要从根部切割，剥去甘蔗叶，然后快速碾压获得甘蔗汁，甘蔗汁需要进行蒸煮、过滤再蒸煮，最后得到蔗糖。甘蔗的种植与收获过程都十分艰苦、费力。种植时，如果蔗沟中的甘蔗苗包含茎节，则长势较好。如果降雨量不充足，则需要除草并进行灌溉。甘蔗的加工并不简单，需要用到大

对页图：四种不同颜色的甘蔗，引自弗朗索瓦·理查德·德·图萨克（François Richard de Tussac）的讲述国产和进口的外来植物区系的书《安的列斯群岛的植物》（*Flore des Antilles*，1808）。

下图：大卫·利文斯顿（David Livingstone）在约翰·柯克（John Kirk）发动第二次赞比西河远征时带回来的一瓶粗制砂糖，他在1858年到1863年是一名官方医生和自然主义者。他还是一位敏锐的植物学家，受到英国皇家植物园园长的看重，成为桑给巴尔岛的副领事，并与苏丹合作成功消灭了岛上的奴隶制度。

量燃料。马德拉群岛的大量森林被砍伐，用于种植生产甘蔗。

17世纪，随着茶叶、咖啡及巧克力进入欧洲市场，蔗糖的需求也逐渐增加。巴巴多斯、牙买加、巴西及其他新世界国家的种植园都需要大量劳动力。契约劳工体系并不能满足劳动力的需求，奴隶制度便成了可怕的解决方法。在1662年到1807年（英国奴隶买卖废除）间，先后有300万非洲奴隶被运输至种植园，运输他们的船只拥挤且不卫生。葡萄牙、西班牙、荷兰及美国也曾实施有效的奴隶运输体系，将非洲奴隶运输到巴西、美国路易斯安那州以及其他殖民地区的种植园。从非洲到美洲的路线被称为"中央航路"，是三角航线中的一部分。船只从利物浦、伦敦或布里斯托出发，装满商品用以交换非洲西海岸的奴隶。横渡大西洋将奴隶运送到种植园之后，船只将满载货物回航。这些奴隶都是非洲奴隶商人从内陆抓来的可怜的受害者，他们大多数为男性，但也有女性和小孩。海上运输的时间很长，奴隶的生存率时高时低，运输条件极其恶劣，食物粗劣或根本没有食物，而且船上十分拥挤，惨无人道。

甘蔗培育的特征符合种植园模式。不同品种甘蔗的种植规模也不相同，一般不以地区划分，而以奴隶的数量划分。正是这些奴隶书写了新世界甘蔗种植地的历史。19世纪许多国家废除了奴隶制废，如法国、英国、美国、荷兰、西班牙及葡萄牙，这促进了亚洲、波利尼西亚群岛及地中海国家的蔗糖工人的到来，丰富了蔗糖生产地的种族构成。

据统计，生产一吨蔗糖的代价是一个非洲奴隶的生命。到17世纪后期，由于大规模生产的出现，欧洲和北美的蔗糖价格急剧下降，成为大多数人都可以负担得起的商品。制作蔗糖的最后一个环节为精炼环节，通常会在供应国以外的国家进行，因为那里更容易获得燃料和电力。英国甚至会将蔗糖重新出口至生产蔗糖的殖民地。

在过去的几个世纪里，甘蔗种植的基本要求几乎没有变化，但是产品的加工过程却不断改变。现在收割甘蔗主要依靠机械，这样收割后的甘蔗田会更加平坦。甘蔗汁的压榨与提取同样也变得机械化。现代加工技术使甘蔗物尽其用。第一次蒸煮后的残渣可用于烹饪或经过蒸馏制作朗姆酒。蔗糖经过蒸馏可以获得酒精、生物燃料及其他产品，如化学品、化肥及动物饲料。现在甘蔗的主要生产国是巴西和印度。

另一种提供食用糖的植物是甜菜（*Beta vulgaris*）。18世纪中叶，德国化学家安德烈亚斯·西吉斯蒙德·马格拉夫（Andreas Sigismund Margraf）发现从甜菜根部可以提取出大量蔗糖。甜菜对土壤和气候的要求并不高。拿破仑战争时期，英军对法国各港口实施封锁，拿破仑便鼓励法国人种植并加工甜

在《印度的粮食作物》(*Food-grains of India*, 1886) 一书中, 农业化学家亚瑟·H. 丘奇 (Arthur H. Church) 提到甘蔗在长巨大的羽毛状的花之前就应该被砍下, 图中还包括甘蔗花的细节。一旦甘蔗开花, 甘蔗含糖的茎就不再生长。

菜, 为他的士兵提供食用糖。从甜菜中获得的蔗糖终产物与甘蔗一样, 如今世界上20%的蔗糖是从甜菜中提取的。尽管现在肥胖、糖尿病及与糖相关的"文明病"在全球范围内流行, 但蔗糖仍受到大家的欢迎。蔗糖的甜不仅为人们带来了愉悦, 同时也带来了痛苦。

巧克力

可可（*Theobroma cacao*）

上帝的食物

> 起床了，克里德先生送来一罐巧克力搭配我们的晨酒。
>
> ——塞缪尔·佩皮斯，《日记》（*Diary*），1663 年 1 月 6 日

可可树在中美洲和南美的许多古老文化中都占据了重要的地位。它出现在玛雅的创世神话中，阿兹特克人将可可豆（可可种子）当作一种货币。他们对可可树赞誉有加，千里迢迢进口这种植物。在更加古老的奥尔梅克文化中，可可豆也具有很高的价值，"可可"一词可能从根本上就源于奥尔梅克语（现已消失）。玛雅人所指的可可树、可可种子、可可豆以及同类的产品均来自于其他中美洲语言。林奈对巧克力情有独钟，并给它取了现在的植物学名称可可属（*Theobroma*），意思是"上帝的食物"，本族语为"可可"（*cacao*）。

可可树对生长环境相对挑剔，自然情况下，不会在赤道南北20°以外的地方生长。可可树喜生在温度高、湿度大的环境，在生长时需要避免阳光直射。在现代种植园中，较高的地方一般种植橡胶和香蕉树。豆荚从可可树的树干和茎秆中直接生长，这种从茎秆中生长的现象被称为老茎开花现象。可可树的花朵只能由摇蚊（它的确有作用一些）进行传粉。只有一小部分的花朵能成功受精并产生豆荚。一棵优良的树每年可以产出30个豆荚。豆荚里面包裹着种子的果肉具有甜味，但未加工的果仁则很苦。它们需要经过发酵、干燥、烘焙与精选（除去薄壳）才能用于制作可可原浆。关于可可树原产地的争论仍在继续，它可能产自亚马逊流域，但却在中美洲培育种植。另一个可可品种为二色可可［*Theobroma*（*bicolor*）］，生长范围从墨西哥南部延伸至巴西。在巴西，二色可可的产品被称为"pataxte"，可作为一种饮品或与更加昂贵的可可种子混合使用。

美洲印第安人直接食用多汁的果肉或饮用混有可可豆粉的饮料，这种饮料中还含有许多调味料，如干辣椒和香草。作为一种受人尊敬的植物，可可也被用在许多仪式上。玛雅人尊崇可可神，并定期举办庆典。精心打造的用于饮用的可可器具得以流传，装咖啡豆的容器和咖啡豆也会被放在重要人物的墓穴中。有一批储藏物，也许是真正的咖啡豆，神奇般地在中美洲炎热

THEOBROMA CACAO

来自巧克力的故乡和全球的不同产地的不同种原料可可粒，其产地包括锡兰（斯里兰卡）、瓜亚基尔、加拉加斯、葡属非洲、特立尼达和萨摩亚。这些种子曾经在利物浦大学药材博物馆展出，展示了巧克力长期以来的药物用处和黑巧克力中黄烷醇对身体的保健作用。

而又潮湿的环境中生存下来，成了咖啡豆形状的黏土模型。因为咖啡价格昂贵，因此只提供给精英人士或富人。人们曾认为巧克力有毒性，对小孩和女性有巨大的危害作用。咖啡豆的确含有一系列生物碱，包括咖啡因和可可碱，但如今这些生物碱更多地被看作是一种兴奋剂而不是毒药。

哥伦布第三次航海旅行至新大陆时，在虏获的小船上发现了咖啡豆。但是直到西班牙人到达墨西哥之后，欧洲人才尝试饮用这种外来饮品。一开始，他们并不能接受可可的味道，随后，他们在可可中加入香草和其他香料，逐渐适应了这种饮品。后来，人们在可可中加入白糖增加甜度，这也就是我们现在所喝的可可。1544年，可可豆被传播到西班牙，到1585年，可可豆已不仅仅是一种新奇的事物，而是作为一种商品在市场上销售。但在可可的原产地，它的价格仍然很昂贵，只有贵族或精英人士才能享受到可可的美味。巧克力逐渐传播到欧洲其他地区，包括意大利。法国人于17世纪发现可可树。到1657年，伦敦出现了巧克力销售商，人们便能在咖啡屋或茶馆购买到热可可了。欧洲人大多数喜欢喝甜的热可可，而西班牙人则偏爱在可可里加入辣椒。

尽管可可主要用于医疗或日常生活，但当可可越来越普遍之后，厨师们也开始将它作为一种食材。欧洲人对可可越来越大的需求促进了加勒比群岛的可可树种植，如特立尼达和牙买加。1655年，英国从西班牙手中夺得牙买加，成为英国主要的可可供应地。种植园里种有原始的中美洲品种——克里安洛种可可（Criollo），它能生产出优质的巧克力，但十分容易感染疾病。在枯萎病侵袭了特立尼达的种植园后，克里安洛种可可被一种更加强健的品种——福拉斯特洛可可（Forastero）所取代。巴西有野生的福拉斯特洛可可，尽管现有的杂交品种兼具了福拉斯特洛可可的强健性与克里安洛种可可较好的味道，但野生的福拉斯特洛可可仍占据了世界可可产量的近80%。在国际市场的推动下，可可种植传播到了许多适宜生长的地区。现在非洲西部已经成了世界上主要的可可生产地。

可可豆荚在加工过程中会产生许多不同的产品，所有的产品都有一定的作用。可可种子和果肉在阳光下发酵能够扩展可可的口味并获得全脂可可液，直到19世纪早期，人们饮用的都是全脂可可。到1828年，荷兰人库恩纳德·范·豪尔顿（Coenraad van Houten）与他的父亲一起申请了一项加工专利，这种加工方式能将可可的黏稠度降低到原来的三分之一，产生一种新的产品热巧克力。一部分已经被提取的可可脂可以被重新加入到可可残留物中，产生一种可在嘴里融化的固体，也就是我们现在食用的巧克力。在几十年间，巧克力棒一直出现在市场上。

19世纪出现了许多我们所熟知的巧克力糖果公司，如英国的吉百利、瑞士的瑞士莲、美国的好时。与许多大规模生产的产品一样，巧克力产品的种类多种多样，因可可固体含量的不同而产生了不同的口味。亨利·内斯特莱（Henri Nestlé）的同事，一位瑞士糖果制造者，在1876年将奶粉加入到可可中，发明了牛奶巧克力。现在牛奶巧克力是最普遍、最容易被接受的巧克力口味。

Tab. 99.

Nicotiana Tabacum. L.
Der gemeine Tobak.

烟 草

Nicotiana spp.

烟草代理商

> 让眼睛厌恶、让鼻子讨厌、对大脑有害、对肺部有损的产品。
>
> ——英国国王詹姆斯一世，1604 年

尽管在全世界范围内，烟草都被看作是一种危险品，但人们对它的需求仍很大。这并不是一个新现象，早在16世纪烟草被引入欧洲的时候，有关它的批评与辩护便不绝于耳。

尽管烟草属（*Nicotiana*）下的许多品种都生长在澳大利亚，但现在所使用的烟草均原产自新世界，也许早在几千年前便有人有意在新世界种植烟草。烟草的两个原生种为黄花烟草（*N. rustica*）和烟草（*N. tabacum*），后者为现代产品的主要原材料。烟草的原产地可能是南美东部地区。前哥伦布时期，不同品种的烟草在使用的过程中被传播到西半球。作为一种茄科植物（包括番茄和马铃薯），烟草是一年生植物。根据不同的生长环境与品种，烟草能长到20厘米至3米（8英寸至10英尺）不等。人们种植烟草进行烟草叶贸易，烟草叶在收割之后需要干燥再使用。

烟草叶含有大量生物碱，德国人威廉·海因里希·珀斯特（Wilhelm Heinrich Posselt）和卡尔·路德维希·莱茵曼（Karl Ludwig Reinmann）于1828年分离出尼古丁，它是最有效的生物碱。烟草能使人在精神和身体上上瘾。高浓度的尼古丁能使人产生幻觉，在前哥伦比亚时期的美国，它受到教士和萨满教巫师的欢迎。玛雅人和阿兹特克人对烟草赞誉有加。"如假包换的杂草"（sot weed）是早期欧洲人对烟草的称呼。美国人用烟草制作雪茄，或使用烟管吸烟，或直接用鼻子吸食粉末，他们也会在茶中加入烟草。同时烟草也是灌肠剂的组成成分之一。烟草在仪式典礼上也起到重要的作用，北美部落创造了许多精致的烟斗，一些用于战争，一些用于日常生活。

哥伦布在第一次航海旅行的时候便接触到了烟草。尽管他的船员们一开始并没有接受烟草，但当他们第二次到达现在的古巴时，一些船员开始尝试抽烟，而烟草也和其他新世界产品一起被带回西班牙。一开始，烟草被用于医疗领域，但吸烟的习惯迅速传播到了许多地中海国家和英国（1564年烟草被引进到英国）。伊丽莎白一世也曾吸食过烟草，但她的继承人，詹姆斯

对页图： 烟草（*Nicotiana tabacum*）和烟草中提取的生物碱均在16世纪以当时法国驻葡萄牙里斯本大使的名字"尼古丁"命名。在那里，尼古丁了解到了烟草的作用，尤其是药用作用，于是他将烟草的种子送回到法国宫廷，深受凯瑟琳女王喜爱。但他建议女王不要直接吸食烟草叶子，而是将烟叶粉碎制成鼻烟再进行吸食。

下图： 一个印度富翁坐在轿子上，用仆人手中拿着的水烟袋或泡泡水烟袋来吸烟。在印度，烟草会和糖、玫瑰混合在一起。而在埃及和其他地方，烟草则与水果、薄荷和糖浆混合来产生水烟，也是用一种类似泡泡水烟袋的器皿进行吸食。这两种烟在吸之前都会像泡泡一样从水中穿过。

一世却极力反对烟草。不过他对于征收高额烟草税所带来的巨大收益十分满意，但这也滋生了烟草的走私活动。

在欧洲，大部分烟草都需要借助烟管吸食，但也有一些烟草会被卷进雪茄中使用。18世纪，用鼻子吸食烟草粉末的方式开始流行，这也促进了华丽的鼻烟盒产业的兴起。尽管女性也开始吸食鼻烟，下层社会女性吸烟者的数量也不断增加，但在官方层面，烟草仍是男性的专属。吸烟的习惯甚至影响到了民防建筑和餐桌礼仪，女性需要在用餐后离开餐桌，为男性提供抽烟的时间。大户人家会专门辟出一间抽烟室，有时还会配备台球桌。

在弗吉尼亚的原英国殖民地，烟草是最主要的经济作物，并对其财政活力起到重要的作用。早在1613年，烟草叶便被出口至英国，到18世纪中叶，烟草成了东南沿海地区殖民地的主要收入来源。最初，烟草种植的规模较小，为了尽力满足烟草需求，佃农利用非洲奴隶来扩大生产。一些加勒比岛屿国家也建立了烟草种植园。

烟草种植拓展到了美国东西部，到19世纪60年代，来自俄亥俄州的种植者发现了一个新的烟草品种，能够改变烟草行业的局面。卷烟是一种用卷烟纸将烟丝卷制成条状的烟制品，前哥伦比亚时期的美洲印第安人也曾吸食过卷烟。克里米亚战争（1853—1856年）期间，英国士兵便从土耳其人那里学会了吸烟。伯莱芋叶（burley）是一种新型烟草，仅含微量叶绿素，烟叶为黄色，烟味更淡。伯莱芋叶更适合作为机器卷制香烟的原料，因为它更容易被吸入体内，因此抽烟者可以吸入更多尼古丁，但也更容易上瘾。

两个事件的发生使吸烟习惯在20世纪来临之际迅速崛起。第一个是19世纪中期随着报纸和杂志的大量发行，广告力量不断强大。大型跨国烟草公司为了提高品牌忠诚度，针对不同的客户群投放广告，如年轻人、医生和妇女。女性客户群大大拓宽了烟草市场，原因是抽烟成了"新女性"的标签。"新女性"指的是更加独立并有一定经济基础的女性。另一件事是第一次世界大战的爆发，这次世界大战使烟草变得便宜，容易获得，因此战争各方的年轻人（不论是前线的军人还是后方的人民）均可以购得烟草。很多人在战争之后仍保留了抽烟的习惯，而这种模式在第二次世界大战时又再一次出现。

在20世纪的前50年，尽管政府会对香烟征税（政府收入的一大部分），但基本上所有人都可以付得起香烟的价格，香烟也被广泛传播，被美化。与此同时，医生发现肺癌的发病率上升，这种疾病在20世纪初还十分罕见。美国和英国的两组研究人员在20世纪50年代早期同时进行研究，并发表了详细的论文暗示抽烟与现代流行病之间的关系。美国的研究人员恩斯特·温德尔（Ernst Wynder）和埃瓦茨·安布罗斯·格雷厄姆（Evarts A. Graham）找到了

《歌剧烟草2》中的烟管设计图（1669）。在这种烟管中，烟草可以快速产烟并充满整个烟管。一些人将自己的烟管设计得十分漂亮。

吸烟数据与肺癌患者的尸检报告之间的联系。英国的研究人员奥斯汀·布莱德福·希尔（Austin Bradford Hill）与理查德·多尔（Richard Doll）一开始认为是铺设道路所使用的材料导致疾病的发生，后来他们将研究重心转移到医院肺癌患者的生活经历上。他们分析出许多可能的病因，并得出结论，吸烟才是导致肺癌的罪魁祸首。

回顾过去，人们经过了10年多的时间才接受研究人员提出的这个确凿的证据，而烟草制造产业也成了一种极度不光彩的产业。从一开始否定香烟，到寻找更安全的替代品，再到给抽烟者自主选择的权利，人口抽烟率的下降过程十分缓慢，即使是在禁止香烟广告的城市也是如此。在发展中国家，抽烟率居高不下，香烟注定要在这里流通一段时间。

槐蓝属植物，菘蓝

Indigofera tinctoria，*Isatis tinctoria*

寻找最纯正的蓝色

> 我们并不具备所需的原料，但是有两种药物可以提供一种持久的蓝色，这两种药物为靛蓝与菘蓝。
>
> ——以利亚·比米斯（Elijah Bemiss），1815 年

木蓝（*Indigofera tinctoria*）在18世纪是佛罗里达州和南卡罗来纳州、加勒比地区和南美的一种种植作物，在那里约翰·G. 斯特德曼（John G. Stedman）见证了木蓝的生产，并将其记录在他写的《对抗苏里南黑人起义的五年记录》（*Narrative of a five years' expedition against the revolted Negroes of Surinam*, 1796）中。他对当地的野蛮奴隶主的行为感到十分的恐惧。

在植物王国中，蓝色的植物十分少见，而蓝色的食品就更罕见了，但这些植物与事物却饱受赞誉。在一些国家，蓝色是代表悲哀的颜色，非洲北部图阿雷格部族的长袍和古英国勇士的服装均为蓝色。这些蓝色染料大部分需要人工从植物中提取。其中有两种植物：槐蓝属植物与菘蓝。靛蓝指的是从槐蓝属植物或许多其他植物树叶中提取的染料，而且这个词是从英语单词"印度"（India）中演变而来的，因为印度是许多名贵染料的原产地。

靛蓝的加工是一个复杂而又具有挑战性的过程，但在前哥伦比亚时期，新世界和旧世界的人就曾多次发现这种加工过程。靛蓝树叶需要与石灰或马尿混合并在瓮中进行发酵。当液体被浓缩并进一步加工之后，得到的鲜蓝色粉末很容易被塑形成块状，便于运输。加工后的产品有许多用处，如制成染料、颜料及化妆品，并且可以作为基本色与其他颜色混合。不出所料，这种极具价值的产品也会被用于医疗领域，治疗一些疾病，如霍乱与出血性疾病，或作为催产药使用。

槐蓝属植物是热带灌木类植物，在印度尤为普遍，在亚洲东南部也有生长。自公元前10世纪末起，人们便开始种植与利用它的原始品种。一直以来，印度的纺织品就受到人们的重视，靛蓝也通过丝绸之路和其他途径进行贸易。古希腊和古罗马人对靛蓝赞誉有加，但他们仍然需要依赖菘蓝来提取染料。菘蓝是草本两年生植物，属于芸薹属，在温带气候区生长。菘蓝也能用于制作珍贵的染料，而且容易获得，但它的提取过程更加复杂，因为菘蓝中靛青（蓝色颜料的化学名称）的浓度相对较低。关于古埃及人是如何获得这种蓝色染料的争论不断持续，这种染料有可能来自菘蓝，但在很早以前，木兰就已经出现在埃及市场，而且穆斯林对这种颜色的痴迷从未消减。

欧洲到亚洲的海上航线使木兰的获取变得更加容易。英国在印度建立霸权之后，不仅将木兰运输回欧洲，同时也利用了木兰在当地服装产业的优

Le Pastel ou la Guede
Isatis tinctoria. L. S. P.
Ital. Guado. Angl. Woad. Allem. Waid.

G.me de Ramers Regnault

从 12 世纪开始，从菘蓝中提取的靛青颜料在欧洲受到越来越多人的追捧。靛青这种颜色与圣母玛丽紧密地联系在了一起，并且法国法院也选择靛青作为其官方颜色。德国的爱尔福特镇创立了大学来研究种植和处理靛蓝。

势。拿破仑对英国出口商品实施贸易禁运，并鼓励使用法国的菘蓝产品为军装染色，这使得欧洲的菘蓝产品在市场重获生机。法国、德国、英国的菘蓝种植持续了整个19世纪。在19世纪末期，发生的两大事件对现代的靛蓝产生了巨大的影响。

戴维斯·雅各伯（Jacob Davis）和李维斯·劳斯利维公司（Levi Strauss & Co.）在牛仔裤上装饰金属铆钉，并于1873年申请专利。这种做法使得牛仔裤更加结实耐穿，受到了农场工人、农民及牛仔的喜爱。牛仔裤的普遍吸引力保证了靛蓝的高需求量，而其特殊的不均匀的褪色方式也成了一种时尚宣言。1897年，阿道夫·冯·贝耶尔（Adolf von Baeyer）高效合成靛蓝，满足了人们的需求。现在大多数天然靛蓝产品都是小规模生产，主要集中在印度和非洲。一些西方的工匠珍视自然纯正的蓝色，也会自己提取靛蓝。

橡　胶

Hevea brasiliensis

亚马逊流域的珍贵乳胶

……轻木头的精髓。

——安德烈·纳威格鲁（Andrea Navigero），1525 年

对页图：巴西橡胶树（*Hevea brasiliensis*）的树枝、花朵（没有花瓣，并有刺激性）和有三粒种子的坚果。成熟后果实炸裂开，种子可以抛出到距离母树 15 米（82 英尺）远的地方。由于主根的作用，橡胶树可以长到 25 米（82 英尺）高，其产胶寿命也可达 35 年。现在橡胶树被市场认为是一种重要的生态树种，而不会被当作废材烧掉。

很多植物都可以产生橡胶，但只有巴西的橡胶树在当今用于商业用途。它可以算得上是新世界送给旧世界的礼物之一，而且在欧洲人到来之前就被使用并受到尊崇。亚马逊流域的印第安人了解到从橡胶树中提取的乳胶具有显著的防水特性，而且有关橡胶的使用，早在前哥伦比亚时期就已流传至中美洲和南美。容器、鞋子、音乐器材均是由可以变硬的橡胶制作而成的，橡胶在干燥的过程中可以塑形。同时橡胶也可以运用于医疗领域、仪式以及典礼上。

在16世纪早期，阿兹特克人为西班牙宫廷展示了一种橡胶球类游戏（这种橡胶球是由其他产橡胶的植物制作而成的）。事实上，欧洲人对球类游戏情有独钟，这种球类活动的目标就是在不用手或不让球触地的情况下将球投进球筐。一直到18世纪，博物学家才开始认真研究橡胶树和橡胶产品。法国的工程师、业余植物学家弗朗索瓦·弗雷诺（François Fresneau）在1747年介绍了橡胶树和橡胶的提取步骤。正是由于橡胶这些不同寻常的特质，南美洲的一些人将它带回本国。

早期欧洲人尝试利用橡胶这种物质，但并没有取得实质性的成功。19世纪早期许多企业家进口橡胶来制作靴子、雨衣及防水的衣服。一项更加成功的发现是，橡胶可以去除铅笔印记，橡皮也应运而生。但这些尝试都以失败告终，因为橡胶在炎热的天气情况下会融化，而在寒冷的情况下会变硬甚至破裂。

1839年，古怪的美国人查尔斯·固特异（Charles Goodyear）在经过多次试验后发现，在融化的橡胶中加入硫黄可以使橡胶更加稳定，即使在极端温度下也能保持原状。这是一项巨大的突破。查尔斯的生活漂泊不定，他四处寻找投资人，也曾在负债人监狱中度过一段时间。尽管在他去世后，一家实力领先的国际轮胎公司以他的名字命名，但他并没有从他这项成功的发明中获得任何回报。与此同时，一位名为托马斯·汉考克（Thomas Hancock）的英

Hevea brasiliensis Müll. Arg.

硬质硫化橡胶制成品。现今其中多数物件都以塑料为原料。在使用过程中，橡胶管的味道十分耐人寻味。

国化学家运用自身的化学知识，详细研究了橡胶硫化的过程，并获得了硫化橡胶的英国专利。虽然他称这种橡胶为硬橡胶，但流传下来的名字则是查尔斯提出的"硫化橡胶"。

查尔斯从未停止宣传橡胶的各项用途。在1851年的万国工业博览会（英国）与1855年的巴黎国际博览会上，查尔斯展示了由橡胶制成的家具、墨水台、花瓶、梳子、刷子以及其他日常用品。他的努力并没有得到回报，并没有人出资赞助他的产品，他反而损失了一大笔资金。但正是此次的公开展示，让世界意识到这种极具可塑性的植物材料的无限可能。

橡胶的受欢迎程度不断增加，这对巴西的橡胶种植者和商人来说是一件好事。但对于橡胶收集者来说却并不乐观，因为橡胶收集需要耗费大量时间与劳力，是一个冗长乏味的过程。因为橡胶的需求量大，亚马逊流域的许多雨林被清理出来建造橡胶种植园。与此同时，人们也在不断寻找其他适合巴西橡胶树（H. brasiliensis）生长的地方。而人们大量需求的橡胶树正是巴西人若奥·马丁斯·达·席尔瓦·科蒂纽（Joao Martins da Silva Coutinho）所展示的那种具有无可争议的优越性的橡胶树。

英国皇家植物园（邱园）园长约瑟夫·道尔顿·胡克促进了橡胶种植的

传播。橡胶种子于1876年传播到邱园，随后在巴西进行种植，但仅仅只有一小部分种子发芽，这些幼苗随后被运输至新加坡，却相继死亡。锡兰（斯里兰卡）的橡胶树在早期也经历了一段艰难的生存期，最终在这里成功定植。新加坡橡胶种植的一个转折点为1888年亨利·N.里德利（Henry N. Ridley）被任命为新加坡植物园园长。亨利对橡胶有着永不熄灭的热情，他研究试验最佳生长环境，研究提取乳胶的方法、合适的位置及时间，也研究种子与幼苗的最佳运输方式。更加有效的收集橡胶的方式也应运而生，如用酸使乳胶凝固。到19世纪末，东南亚，包括马来西亚（现在的西马）成为橡胶的主要生产国。中国在橡胶领域的成就也颇引人注目，主要原因在于，为满足人们对橡胶的需求，中国采取了契约制度。不论在何处，建立种植园便意味着清理土地与雇佣大量劳动力。

19世纪后期，橡胶产品的使用不断增加，自行车和汽车的配件——橡胶轮胎开启了一个庞大的新市场。法国的米其林兄弟爱德华（Édouard）与安德烈（André）是橡胶轮胎的创始人，1891年，他们申请了自行车轮胎专利，这种轮胎方便拆卸与修理。随着汽车工业的兴起，实心轮胎的局限性日益突出，在速度超过15英里／小时（25千米／小时）的情况下会容易发生爆胎。气动汽车轮胎的出现很好地解决了这个问题，1895年米其林兄弟做了相应的展示。虽然汽车每行驶150千米（90英里）就需要更换轮换，但人们坚信这就是人类不断前进的方式。

轮胎十分重要，但却仅仅是橡胶众多用途中的一种。汽车与其他现代机器中均包含橡胶软管、配件、垫圈、电缆绝缘外层，以及许多其他部件。此外，橡胶还用于制作靴子、鞋子、手套、避孕套及其他产品。橡胶这种独特的特质促使化学家们研究其分子基础。德国化学家赫尔曼·施陶丁格（Hermann Staudinger）研究发现橡胶含有碳氢高分子聚合物（长链），经过硫化之后，其化学键会变得更加稳定。凭借他的研究成果，赫尔曼·施陶丁格于1953年获得诺贝尔奖。尽管现在合成橡胶用途广泛，但它在某些场合仍无法代替可再生的天然橡胶。如今，巴西的橡胶产量减少，但马来半岛仍是橡胶的主要生产国，中国在橡胶市场也占据一定的份额。

香　蕉

Musa acuminata × balbisiana

备受世界喜爱的水果

香蕉是大型多年生的草本植物，假茎由叶鞘形成。其巨大的树叶有多年的使用历史，从用来制作屋顶到包裹雨伞。现在生长在印度南部一些地方的香蕉品种，其叶子被当作一次性的"植物盘子"使用。数千年来，在自然状态下，香蕉会在根部长出幼小的植株进行分裂繁殖。不过如今组织栽培香蕉的技术已经十分成熟。

另一种生长在印度的树体积更大，并以其果实的大小和甜味闻名，树叶的形状酷似鸟的翅膀，长三腕尺（古时的长度单位），宽两腕尺。

——蒲林尼，公元 1 世纪

香蕉是一种普通而且便宜的水果，因此很难想象，在19世纪70年代以前，温带地区并没有香蕉，而且大多数香蕉只能在产地购买到。香蕉的原产地为东南亚，野生香蕉含籽，但只能生长出少量可食用的果实。无籽的、可食用的品种可能是天然的杂交体，一直以来都受到亚洲及其岛屿国家的赞誉。香蕉树适宜生长在温暖且雨水充足的地方（香蕉只能自然生长在赤道南北约30°的地方），对土壤的要求是肥沃且透水性良好。香蕉树树干粗壮，香蕉叶巨大，雄花并没有生育能力，只有雌花（或雌雄同体的花）可以结果。

因为香蕉并没有籽，因此只能靠侧枝繁殖，通过这种方式，香蕉被广泛传播到亚洲、马来群岛、夏威夷。穆斯林商人将香蕉引进到非洲（香蕉本来可以经由印尼更早进入非洲），现在香蕉已经成为非洲饮食的主要食材。尽管香蕉的这种繁殖方式意味着不会有培育变种出现，但现在仍存在着一些天然的变种，其中最普遍的食用香蕉品种为卡文迪许（Cavendish），它生长于19世纪英国德文郡公爵的维多利亚温室中。香蕉是无性繁殖个体，因此更容易受到害虫和疾病的影响，这也是现在香蕉种植中最令人担心的一个问题。先前广泛传播的食用香蕉名为大米歇尔（Gros Michel），它在20世纪30年代惨遭真菌病的侵袭。

早在欧洲探索时代前，香蕉便已被传播到亚洲、大洋洲及非洲。葡萄牙人将香蕉引进到加那利群岛，随后，香蕉被运输到加勒比海，作为当地非洲奴隶的主要食物。香蕉树是四季植物，一年四季皆可结果，而且产量丰富。香蕉富含碳水化合物，含有大量钾与维生素C。

但香蕉不适宜运输，因此需要有全球范围内快速的海上运输方式和冷藏技术提供支持。一些美国公司，如联合水果公司、德尔蒙食品公司迅速抢占先机，利用并大力扩建加勒比群岛和中南美洲的种植园。英国Fyffes公司是进口商和航运巨头之间的合作企业，推动了非洲西部国家和英国香蕉市场的

发展。英国航运商艾尔弗雷德·刘易斯·琼斯爵士（Sir Alfred Lewis Jones）到达利物浦码头时，免费分发香蕉，并鼓励他的潜在客户尝试这种新奇的水果。是这些企业家们建立了香蕉四季水果的地位，而在当时，欧洲人所能购得的水果均受到季节的限制。

　　在热带国家，香蕉是重要的当地食材。在印度，整棵香蕉树都有利用价值。尽管大多数情况下，西方国家都生吃香蕉，但在世界上一些地区，人们会将香蕉作为一种烹饪的原料。此外，大蕉也是非洲、亚洲以及加勒比海常用的水果。它与香蕉的染色体排序有细微的差别，但同属于芭蕉科。大蕉通常作为一种烹饪食材使用，与香蕉一样，营养丰富。

法国大蕉（*Musa x paradisiaca*），图片来自贝尔特·胡普拉·万·纽顿的《鲜花水果与树叶的选择——爪哇岛》一书，这种大蕉在印度尼西亚和太平洋的一些岛屿上被发现，在各个生长阶段都可以食用，未成熟的大蕉含有很多淀粉，成熟之后就变得很甜。香蕉干燥后可以在日后使用，也可以磨成粉。

油 棕

Elaeis guineensis

经济与环境之战

永葆新婚时的容颜。

——棕榈油肥皂广告，1922 年

油棕原产自非洲西部和中部的热带雨林，是一种高大、长寿的植物。它的高度可达30米（98英尺），树龄可达150年，能够生长出大量形状如手掌的果实。早在19世纪末期油棕未被商业开发以前，人们收集野生的油棕果或培育油棕获得果实，而且，很早以前，人们便掌握了油棕油的加工过程。从果肉中提取的传统的油棕油呈红色，在当地作烹饪油使用，并没有传播到其他地方。第一个发现油棕的欧洲人描述了它的特性，但并没有意识到油棕在其他国家的潜在价值。但在非洲，油棕可能早已作为商品进行贸易，交易范围远至埃及。

采摘后的油棕果会进行种子（果核）与果肉的分离处理，果肉经过软化、压榨之后会得到纯净的油棕油。这些传统的步骤在现代生产方式的推动下得以发展，仍起到十分重要的作用。另一种油棕油是从果核中提取的，消费国经常进口完整的油棕果核进行加工。

油棕油不仅可以用于烹饪，也可用于制作肥皂、香水以及人造奶油，因此欧洲人对它的需求有所增加。威廉姆·利华（William Lever）是一位企业家，对油棕油有极其浓厚的兴趣，他与他的兄弟詹姆斯建立了利华兄弟公司，现为联合利华的一部分。他们开始从位于非洲的英国殖民地出口油棕油，但是，他们发现在非洲并不能开发更多土地用于建造油棕种植园，因此他们将生产中心转移到比属刚果（现为刚果民主共和国）。利华巧妙使用广告宣传植物油的用途，促进了廉价肥皂的生产与销售。利华是一位著名的慈善家，为他在英国的工人们修建了一座名为日光港的文明村。即便如此，他仍曾剥削过廉价劳动力，并曾将自己的利益建立在非洲可怕的工作环境上。

人造奶油于1869年出现在法国，是一种用来替代黄油的廉价产品。随着人造奶油越来越受欢迎，人们对植物油的需求也不断增加。与其他植物油相比，油棕油的加工程序较为简单，成了人造奶油的首选原料。新的运输方式使油棕油的运输变得更加便捷，这也促使西方企业家将目光投向其他地方，

Palmae
(Cocoineae)

Elaeis guineensis L.

非洲油棕，及其雄蕊、雌蕊、果肉或果核、种子。印度尼西亚油棕种植园的扩张验证了为贫穷的农民提供工资、作为发展中国家的出口作物和环境退化之间的紧张关系，但是这种担忧并不会使那些将油棕作为经济作物的殖民地种植园园主感到烦恼。

寻找新的产品。荷兰人最先开拓爪哇岛，使之成为第一个新的油棕种植地。爪哇岛的油棕种植取得了成功，特别是在一个新的品种被意外引进之后。随后，印度尼西亚和马来西亚也成了新的油棕种植地。马来西亚现在是世界上最大的油棕油生产国。但油棕种植对马来西亚也造成了一定的影响，如雨林的大量减少，而雨林是猩猩传统的居住家园。南美有一种特别的油棕品种，名为美洲油棕（*E. oleifera*），仅小规模种植，供当地使用。而非洲品种现在则作为商用品种在许多国家种植。

棕榈油的游离脂肪酸含量较低，因此深受西方重视健康的消费者的欢迎。现代生产是依照游离脂肪酸的比率分等级的，比率越低获得的溢价就越多。棕榈油耐高温，而且含有维生素A、D、E和两种主要的酸，能用于制作"健康的"人造奶油。

观赏植物

大规模的植物美学

植物让风景充满勃勃生机,为其生长的土地上色塑形。森林如黑暗的传说般深不可测。草原广阔无际,将人们的视野延伸至遥远的地平线。植物可以打破沙漠风景,还可以划定陆地和海洋的边界。景观植物在塑造整体环境的同时,还提供了存在于艺术和文学作品中的美学视角。在东方,山水画是最为推崇的风格。

这些植物是如何塑造地球的?我们又是如何为了自身目的来利用这些植物提供的产品改造风景的?庄严的落叶松横跨北半球各大洲,是北方针叶林的重要组成部分。它们有无数的用途,均反映在它们形成的文化上:冬天穿的雪靴、建筑用的木材和精致的日本盆景。北美巨型红杉木材的效用同现今由旅游业而产生的情感相互竞争着。加利福尼亚州残留的个体植物群丛可能在人类提着斧头进入之前就已经是一片古老的广阔森林遗迹了。

桉树或橡胶树易从丛林大火中存活并受益,它们代表了澳大利亚植物的独特天性,从中提取的精油深受人们的喜爱。它们现在也是全球新的商业树种产品景观的一部分。在种植园外,塔斯马尼亚蓝桉已成为加州地区的外来杂草,它们排挤本地植物,由此诞生了单一栽培,并提醒我们是如何以意想不到的后果来改变和操纵景观的,但是这些树木确实为蜜蜂和蜂鸟提供了家

164

园，并防止了土壤流失。某些杜鹃花也是名声不佳，但是在雪白的喜马拉雅山背景下，这些杜鹃花装饰着当地的山腹，颜色极为壮丽。

　　美国西部的巨柱仙人掌能够在极端条件下生存下来。电影产业中的这些巨柱仙人掌的形象在美洲土著印第安人的文化中拥有悠久的历史，它们提醒着欧洲人是因文化冲突而穿过这个大陆前往西部的。红树林是一种在盐土中生长的奇特植物，它们在陆地和海洋之间的淤泥中茁壮成长，从而隔开陆地和海洋，并防止海岸侵蚀。新西兰土著毛利人将银蕨视为具有特别意义的植物，它的树干可作木材，蕨叶可作苗床，其银色的一面会反射星月的光辉，从而作为一种指引道路的交通手段。

左上图：木兰杜鹃（*Rhododendron nuttalli*）在《柯蒂斯植物学杂志》（1859年）中被描述为"杜鹃之王"。木兰杜鹃是小乔木植物（高达10米/33英尺），它因香味芬芳的白色花朵而一枝独秀，在杜鹃花属中也是最大的品种。

右上图：勇敢的艺术家玛丽安娜·诺斯在婆罗洲岛的沙捞越发现了一片郁郁葱葱的红树林沼泽地（1876年，资料）。她提裙至膝盖，穿着橡胶靴穿越这里，并经常乘坐小船——也许正是在这时她创作了这幅水上的画作。

落叶松

Larix spp.

北部森林庄严的针叶树

> 我们继续沿着我曾见过的那片最广阔的落叶松森林而行——细高的树上长着巨大的树枝。

> ——亨利·大卫·梭罗（Henry David Thoreau），1864 年

北方针叶林是典型的北半球风景。它们形成了世界上最大面积的森林，并对气候和二氧化碳气体有着长期显著的生态影响。像大多数的森林一样，它们包含多种植物，但是落叶松和其他针叶树占据优势。它们喜欢凉爽的山脉而不能忍受潮湿、结冰和低洼的土地，所以几千年来，随着温度和冰川面积的变化，它们的生长地带也随之变化。落叶松广泛分布在北美、欧洲中部和北部、亚洲，从喜马拉雅到西伯利亚、日本。不同于针叶树（锥型轴承）的"针叶"，落叶松的叶子在冬天变色、落下。针叶树是一种可追溯到约3亿年前的古老的植物群，它们和松树一样，是常绿树种。

落叶松在12个落叶松属中是相对较小的一种，它树形高大（30—50米/98—165英尺），生长迅速，它的种子剥落后会留在深红色的松球果里。每个落叶松属的成熟松球果都不一样，所以它们对植物分类来说至关重要。落叶松树的快速生长速率让它们成为宝贵的燃料来源，虽然它的木质柔软，但是却非常持久耐用——高含量树脂令其防水、防腐，这使它成为修建围墙、填坑和建造建筑所用的很受欢迎的材料，同时因为它燃烧慢而成为冶炼铁的好材料。罗马人用落叶松树木材造船的传统一直延续着，苏格兰拖网船和豪华游艇就是用落叶松树木材制造的。俄罗斯和西伯利亚人用落叶松树木材建造房子、取暖。欧洲人来美洲定居之前，美国土著印第安人就已经开始使用落叶松树木材了。杜松（Hackmatack）或美洲落叶松是落叶松的本土名字，意为"用作雪靴的木材"。通过拍打获得的落叶松松节油被主张用于人类和动物用药中。

落叶松的主要品种可根据树叶标记而分为两组。它们也在如日本、西伯利亚、欧洲或北美的西部等地被人熟知。落叶松是具有多种用途的植物，因此它被成功移植到世界各地。英国种植第一株落叶松大概是在17世纪。那时，伦敦的日记作者、苗圃工人约翰·伊夫林到埃塞克斯的切姆福斯特旅

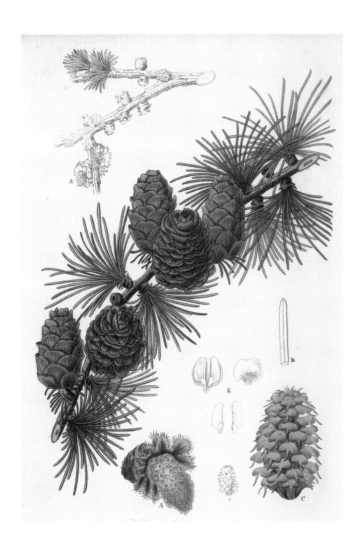

行，在那儿他观赏到了欧洲落叶松（原产于阿尔卑斯山）。

　　最引人注目的景色之一是秋天落叶松壮丽的深绿色——那是苏格兰高地邓凯尔德小镇的公爵们在他们的环礁地上一手策划种植的。第二任公爵约翰·穆雷（John Murray）种植了约150株脱膜落叶松（*decidua* larches，即欧洲落叶松）。他的儿孙延续了这项事业，最终在无农业价值的地产上种植了成千上万的树木。1895年，日本落叶松（*kaempferi*）和脱膜落叶松的交叉品种出现了，这种充满活力而健康的品种现被称为邓凯尔德落叶松（Dunkeld Larch），在英国乃至世界上都是最常见、最有价值的落叶松。另一个极端的例子是，落叶松是一种最受人喜欢的盆栽品种。

欧洲落叶松的松球果分枝（雄枝，左下角；雌枝，右下角）。雄性松球果就像树枝上和新根刺（左上角）上的一抹鲜艳的绿色。所有裸子植物的种子都是裸露在外的，而不是装在果实或植物导管内，但是它们是被松球果保护着的。

红 杉

Sequoia sempervirens

树中巨头

> 一旦见到，北美红杉总是会留下让你萦绕心头的印记……它们不像我们所知道的其他树木，它们是另一个时代的大使。

> ——约翰·斯坦贝克，1962 年

有人说，"我度过的最冷的冬天是旧金山的夏天"，即使说这话的人不是马克·吐温（Mark Twain），但也不可否认那海雾的冰冷潮湿。当加利福尼亚的冷空气与大陆的暖空气相遇时，冰冷潮湿的海雾就形成了，而这种天气模式又非常适合沿海的红杉树。"亥伯龙神"红杉高115.5米（379英尺），是现今世界上最高树木的纪录保持者。通过测量体积而不是高度所知的最大的树木，与位于加利福尼亚州西内华达山脉的巨型红杉（*Sequoiadendron giganteum*）极为接近。

从俄勒冈州西南部到加利福尼亚的蒙特雷南部一带的太平洋沿岸红杉林带，宽8—56千米（5—35英里），它们通常可长到约300米（985英尺）高，虽然有些会长得更高，但是它们的树叶还是无法忍受高温或冰冻温度。在开花植物科成功开花之前，侏罗纪大针叶树森林里就已有红杉和其他针叶树的祖先了。更远古的红杉化石祖先同在美国西部、墨西哥北部、欧洲沿岸和亚洲〔如在中国四川省和湖北省出现的一种相近的红杉，即水杉（*Metasequoia glyptostroboides*）〕发现的红杉极为相似。所以，尽管受到地域限制，这一沿海地带可能还是有广泛分布的人口遗迹。现在，在世界上的许多地方，红杉已成为观赏性植物。

估计只有百分之五的红杉是老龄树木，这是一种极为珍贵的重量轻且耐腐蚀的木材。西班牙人于18世纪在此定居，但是直到1849年的淘金热，西班牙人才开始疯狂地入侵森林砍伐红杉树。为了保护红杉，人们于1900年创立了红杉俱乐部，1918年创立了保护红杉联盟，随后又划定了红杉保护区，但是伐木工人还是继续砍伐红杉。虽然木材贸易和环保主义者之间的紧张关系依然存在，但是如今海雾的消散已成为新的威胁。树高和需水量的关系对干燥而温暖的气候提出了一个严峻的挑战。红杉是第一种通过树叶气孔吸收水分的树木。它们在雾气中获取水分并溶解矿物质，然后这种雾气会滴落到其

他生态系统成员身上。

  多数人是抬头观察红杉，但是也有极端的植物学家会爬上红杉树来观察。爬上离地面约90—105米（295—345英尺）的红杉树冠，植物学家们会发现一个全新的世界。红杉树上有180多种从未接触地面的植物，如根植于垫料积垢上的蕨类植物、越橘类、杜鹃花，其中有些植物甚至已存活了2,000年。同蝾螈、蛞蝓、蜜蜂、甲壳虫一起，地衣和苔藓也茂盛生长着。处于壮年期的树木，从分枝上生长出的次干相互交融，连接在一起，形成天篷，好似中世纪教堂建造的飞拱。红杉有旺盛的再生生命力：年轮可以从死了很久的中心植物的根部生长出来。愿这种生命力继续旺盛下去。

在蒸汽机械出现之前，锯木厂受制于有限的人力，只砍伐有用的红杉树。通常一个双人工作组，每天工作12个小时，共计6天时间才能砍倒一棵树。在玛丽安娜·诺斯的画作《加利福尼亚的红杉树下》（*Under the Redwood Trees at Goerneville*，1875）中，小木屋为体现红杉树的规模提供了理想的比例尺。

巨柱仙人掌

Carnegiea gigantea

西部的标志

> 我将变成一株巨柱仙人掌，能够每年夏天都开花结果，永远地活下去。
>
> ——美国土著印第安皮马人的神话

摘自玛丽安娜·诺斯的画作《亚利桑那沙漠的植被》（*Vegetation of the Arizona Desert*，1875），虽然她的作品被批评为既不能满足说明植物的要求，也不是19世纪晚期的高雅艺术，但是她确实在这种独特的风景中抓住了巨柱仙人掌的精髓。

以19世纪80年代早期为背景，在亚利桑那州的汤姆斯通银矿小镇取景的电影《侠骨柔情》[*My Darling Clementine*，约翰·福特（John Ford），1946年]是好莱坞经典西部片之一。这部电影因一场枪战而达到影片高潮：枪战在小镇的欧凯牧场上演了。环绕小镇的巨柱仙人掌提供了标志性的背景，它们无声地见证着美国人类史的形成。在这独特的风景中，它们的过去被刻画在地质年代里。

仙人掌是新世界的植物，它们展示了能在干旱的风景中适应下去的"多汁综合征"。巨柱仙人掌有巨大的茎，可进行光合作用，储存夏季雨水。它们使用的是一种特殊的光合作用（景天酸代谢）：晚上吸收二氧化碳，白天通过气孔来减少水分损失。巨柱仙人掌在靠近地表的地方有很多的小网状根，它们时刻准备着下雨时吸收水分。粗蜡状表皮覆盖着植物，叶子退化成针刺以减少水分的蒸发，针刺还可抵退食草动物，并为根茎遮阴。

超过15米（50英尺）高的巨柱仙人掌是如此庄严而从容不迫，约生存了175—200年。它们在生长了30至35年的时间，长到2米（6.5英尺）高时，才缓慢地到达成熟期；只有生长50多年的时间，它的大烛台状的树枝才开始长出来。巨柱仙人掌在茎尖开花：根茎越多开的花就越多，繁殖成功率也就越高。从4月到6月，蜡状漏斗形的白色花朵会在晚上盛开，释放出熟瓜的香气来吸引它们的夜间传粉者——小长嘴蝙蝠；到了第二天早上，白鸽和昆虫会来传送花粉，直到花儿凋谢，而每朵花只能盛开24个小时。随后到了5月至7月，就会生长出带有许多种子的红色果实。这些红色果实是许多动物的食物源泉，如镀锡啄木鸟，它们会在根茎处打洞做窝。啄木鸟的窝一旦空了出来，姬鸮就会搬进去。为了防止毁坏，巨柱仙人掌会在伤口的周围长出硬皮。植物死后，它上面的巢箱会保留下来，这些巢箱被称为"仙人掌靴"。

树状的巨柱仙人掌是索若拉沙漠里的一种独特植物，它们在这儿形成树丛。人们认为，在15,000,000到8,000,000年前，墨西哥中部的仙人掌祖先就

在这块荒漠化地区进化生存下来了。仙人掌与其他植物如"保育树"有着紧密联系，这些植物可以保护仙人掌树苗直到树苗长高长大，它们是生物群落中极为亲密的植物。

相比于今日的游客和昨日的枪手来说，索若拉沙漠的美洲土著印第安人早就赞美并利用过巨柱仙人掌了。皮玛人和托赫诺奥哈姆族人在死去的仙人掌上收获品尝新鲜的果实，并保存种子来磨成粉。他们也会将其制作成果汁，使之发酵成酒，并在一个庆祝沙漠中生命复苏的古老的祈雨仪式上品尝它们。

《柯蒂斯植物学杂志》（1892年）中的巨柱仙人掌。约瑟夫·道尔顿·胡克自豪地报道了英国皇家植物园里的仙人掌，称"这种美妙的植物在英国开花必须被视为园艺学的胜利"。仙人掌在外来物种种植园和富裕的业余种植者的收藏品中占有了一席之地。

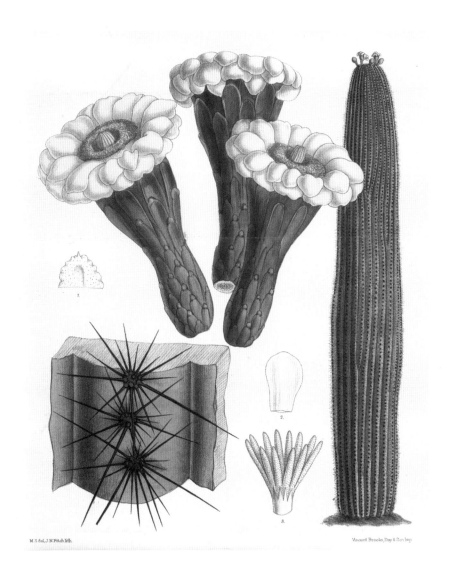

M. S. del. J. N. Fitch lith.

Vincent Brooks, Day & Son Imp.

银 蕨

Cyathea dealbata

闪亮的毛利人标志

银蕨树！全黑队！

——新西兰全黑橄榄球队，赛前的毛利战舞，2005 年

约1亿年至8,000万年前，新西兰从澳洲分离出来，因此新西兰岛屿有足够的时间生长一群独特的动植物。1769年，约瑟夫·班克斯公爵（Sir Joseph Banks）搭乘了詹姆斯·库克（James Cook）船长率领的远航船"努力号"，拜访了这座独特的岛屿。他在15天的逗留时间里观察了400种植物，发现其中89%都是新西兰独有的本土植物。在欧洲人到来之前，有些珍奇的动物群就已经灭绝了。

新西兰植物群中有超过12%是与蕨类相关的古老植物：它们的祖先可追溯至泥盆纪中期（约3.85亿年前），乔木蕨类植物则在三叠纪中期（距今约2.35亿年）出现。虽然现今的蕨类植物有各种生活形式和栖息地，但是它们在进化时主要学习了早期物种的基本生命机制，所以进化后它们只有微小的变化。虽然乔木蕨类植物有"乔木"的尺寸和外观，但是它们很少有分枝，也无真正的树皮，主要是由再生的地衣、苔藓或其他生物来遮阴，而非粗糙的老叶子。它们的根系紧密，所以较大的植物（高达25米）通常是由相邻植物来支撑着。像其他蕨类植物一样，它们是通过蕨叶背后的孢子来繁殖。乔木蕨类植物有蚌壳蕨（*Dicksonia*）和刺桫椤（*Cyathea*）两大类群，分布广泛。

银蕨（*C. dealbata*）是新西兰的一种植物，尤其受到毛利人的珍视，这些毛利人大约是在1250—1300年从波利尼西亚东部岛屿来此定居的。银蕨可长到10米（33英尺）的高度，从其顶部生长出的蕨叶则有2—4米（6.5—13英尺）的长度。银蕨被毛利人熟知的名字是"kaponga"或"ponga"，它的英文名来源于其蕨叶银白色的背面，可在月光下反射光辉。传统上，人们在夜晚会将蕨叶的背面照向地面来照亮路径。毛利人还用银蕨树来建造防老鼠的食物存储屋和餐具。粗壮耐用的银蕨树干还可用作栅栏、进行绿化以及制作花瓶和木箱。银蕨树的木髓和嫩蕨叶可用于烹饪（毛利人就是这样做的），也可药用，如敷在疔疮或切伤上和治疗腹泻。

从蕨类植物中分裂出来的银蕨，曾风靡维多利亚时代的英国，一定程

度上也在北美风靡起来。在北半球，因高价售出商品而成为富人的专业经销商，希望迎接因自然环境对外来植物的生长而产生影响的挑战。银蕨不均匀地分布在新西兰岛屿上，所有的乔木蕨类植物都须防止园丁的缺失和栖息地的丧失等各种不利因素。在新西兰，银蕨已成为一种国家标志，新西兰国家橄榄球队——全黑队的球衣上就印着独特的银色蕨叶。

新西兰银蕨的蕨叶（含孢子囊群），引自《1826—1829 年间在海上航行的巡洋舰》（*L'astrolabe exécuté pendant les années 1826 — 1829*,1883）。这次航行是杜蒙特·迪尔维尔（Dumont D'Urville）船长领导两支法国探险队首次考察南半球，带回的新资料对欧洲收藏界有重大意义。

桉 树

Eucalyptus spp.

澳大利亚的信号树

桉树是澳大利亚主要的硬木来源。殖民时期，人们将这些热带地区作为各类种植园的处女地，在植物园中人们试着种植桉树（这张照片拍摄于爪哇岛的茂物植物园）。像其他非本土物种一样，桉树成为疯狂的外来入侵物种。

笑翠鸟站在古老的桉树上。

——马里昂·辛克莱（Marion Sinclair），1932 年

桉树是一种大型的乔木属，约有500个大小、形状不同的品种。它们原产于澳大利亚和太平洋的一些岛屿，现因适应性强，遍布全球。一些常见的树种，如不同种类的橡胶树、薄荷树和红木树，它们自身有许多特点和用途。

几百万年前，当澳大利亚从亚洲大陆板块分离时，它的气候就变得更加潮湿了，桉树也逐渐开始了进化。伴随着澳大利亚的气候变化，几个坚韧的桉树属类不断适应着新环境，因此它们在此广泛分布着。首先，桉树丰富的深根系可允许它们在稀少的地表水中生存；再者，因雷电引起的森林火灾也可使得它们茁壮成长。实际上，大火有助于桉树种子的发芽，而且丰富的森林火灰也为桉树树苗的新一轮成长提供了绝佳条件；此外，成年树皮下方的树芽受到大火的刺激，所以桉树会像凤凰涅槃一样重生。各种种类的桉树都可以适应澳大利亚的环境，可以说这里的每一寸土地都被桉树所占领。王桉（*E. regnans*）是世界上最高的开花树，在森林里桉树整整齐齐地高过它们的对手。

土著居民利用长矛、飞旋镖和独木舟去开发桉树资源。18世纪后期，欧洲人定居澳大利亚后，人们意识到桉树的活力和它的应用范围，并将其出口至世界各地。在巴西、美国、非洲北部和印度，几乎到处都是桉树园景树和商业种植园。许多桉树物种生长迅速，第一年一些树苗可长至1.5米（5英尺）高，第十年会长至10米（33英尺）高，变成极好的木柴。的确，一英亩桉树的生物量可与任何其他树木抗衡。在沼泽地种植桉树，它高效的水摄入会排出沼泽地的水，另外它易挥发的树胶可赶走蚊子，进一步帮助控制疟疾。

桉树能生产出许多有价值的产品。桉树油是它适应机制的一个独特的表现，如桉油精就可用于医药和香水制造。悉尼附近的蓝山山脉因满山的桉树使得山脉被笼罩在蓝色的氤氲中而得名。冈尼桉（*E. gunnii*）的树叶、树皮和果实可产出用于染色的各种染料，它还是丹宁酸的一种重要来源。这些树木会成为优良的防风林，另外它坚硬的木材可用于制作乐器和万花板，它的木

Eucalyptus persicifolia.

G. C. Foot.

浆则是造纸的主要原料。

　　虽然是一种极为重要的商业树，但是桉树还是因其在全球广泛分布的侵入性特征而备受环保主义者的争议。因为桉油可使桉树不受捕食者的侵入，所以桉树能够成功地生长。在澳大利亚进化而成的有袋类动物考拉可食用桉树叶，考拉坐吃桉树叶的场景是澳大利亚独特生态的著名标志。

　　位于伦敦市哈克尼区的洛加斯植物苗圃园培育出了桉树花。乔治•库克（George Cooke）在部分植物学杂志、绝妙的广告和精美的木板上绘制或刻画上了桉树花，这种装饰用的桉树是在可防霜冻的苗圃保温室里培育而成的，种植者赞美了它的珍贵。

杜鹃花

Rhododendron spp.

繁花似锦的群山

　　……三朵杜鹃花：一朵是鲜红色，一朵是白色，并带有精美的叶片，还有一朵，是你能想象到的最可爱的。

——约瑟夫·道尔顿·胡克，1849 年

　　在生物分类学中，杜鹃花属是整个植物王国中最大的属类之一：包含800多个种类，还有一些种类有待确认描述。大部分的杜鹃花是北半球植物，但是澳洲有本土的杜鹃花品种，其大小、形状和栖息地也千差万别。有些是小型的高山植物，有些则是高达30米（约100英尺）的大型植物，比如恰如其名的大树杜鹃（*R. giganteum*）。它们可形成浓密茂盛的热带风景，可承受高耸的喜马拉雅山的极限，甚至是一种可在其他树木上生长的附生植物。通常它们的根系都是紧密相连的，但是在干燥的气候下，一些物种的粗根是四下蔓延的，因为它们有一个特点，即需要酸性土壤。

　　许多物种都有深绿色的蜡质叶子和醒目的外观，它们已成为花园植物和景观植物，通常开着浅色、深红色和深蓝色等各种颜色的芬芳花朵。17世纪早期，人们培育出了一个东欧的小物种；18世纪早期，法国的博物学家、旅行家约瑟夫·德·图内福尔在安纳托利亚观察到了泊妮提库幕杜鹃（*R. ponticum*）。欧洲人开始认真地着迷于它是在18世纪，人们将发现的北美物种带回欧洲。林奈将杜鹃花与杜鹃分成了不同的属类，现今它们已是同一个属了，而杜鹃则有了几个更大的亚属分组。在现代园林里，杜鹃是一种极为珍贵的落叶或半落叶植物，与其同类相比，它的花更加小巧玲珑。

　　19世纪40年代末，约瑟夫·道尔顿·胡克在印度，包括喜马拉雅山脉研究植物，让他感到震惊的是杜鹃花的景色。他发现仅在锡金就有28个新品种，并将这些品种写入他的著作《锡金喜马拉雅山脉的杜鹃花》（*The Rhododendrons of Sikkim–Himalaya*）。胡克回到英国后仍继续他的研究，并系统地调查了这个大科属植物的地理范围和形态面貌，另外他还继他的父亲威廉姆·胡克之后成为英国皇家植物园的园长。胡克父子引进了一些亚洲品种到英国、欧洲和北美，尽管在过去的一个世纪引入了许多的亚洲品种，但大多数品种来自中国西部。

杜鹃花易杂交，所以会定期培育出有新特点的新品种，如耐寒性强、花色或大小不同的特点。杂交是东西方文化碰撞的结果，例如，早期的一个英国杂交品种，是1814年由土耳其杜鹃（*R.ponticum*）和美国粉红映山红（*R. periclymenoides*）杂交而成。

杜鹃花要想良好地生长，大致需要与其本土栖息地相似的土壤和温度。像许多公园培育的植物一样，虽遭受了各种害虫和疾病的困扰，但仍不能阻挡园丁对它们的迷恋。若没有必需的酸性土壤，人们就会引进泥炭，以便它消耗古泥炭里的酸沼。同时，用作基础嫁接砧木的几个品种，特别是杜鹃，易移植、传播快速，还可创造意外的新景色。在苏格兰，人们将猪引进杜鹃花生长的地方，让它搜寻无用的杜鹃花株作为饲料，该举措有助于削弱杜鹃花根系，控制植物生长。虽然很大程度上杜鹃花（几乎同其他每种植物一样）是观赏性植物，但是它也可用于医药，特别是在亚洲，有时还可将其嫩叶用于烹饪。

左上图：约瑟夫·道尔顿·胡克的《喜马拉雅山游记》（*Himalayan Journals*，第二卷，1854年）的标题页上写着，"在13,000英尺高的劳洛克山谷的雪床上，有盛开的杜鹃花和远处的小孩琼加。"胡克为美景和植物而着迷，但他注意到那香气太浓烈而让人感到不舒服。

右上图：胡克的《锡金喜马拉雅山脉的杜鹃花》（1849—1851年）的标题页上写着："本地的长药杜鹃（*rhododendron dalhousiae*）"。胡克去了喜马拉雅山脉东部观察，发现了25个杜鹃花的新品种。胡克的这本书经沃尔特·胡克·菲奇（Walter Hood Fitch）之手变成了一流的平版画。

红树林

红树（*Rhizophora*）和其他品种

陆地和海洋之间

> 红树林一般生长在海边、河边或小溪边。有很多根的树身好似男人的大腿那般粗壮……由于它粗壮的木桩，这种树难以成批生长。
>
> ——威廉·丹皮尔（William Dampier），1697 年

约有1500万公顷（3700万英亩）的大片红树林覆盖在热带和亚热带地区的海岸线上。在多样化的特殊植物群中，被称为"真正"红树林的植物有70种，包括红树天然品种、乔木杂交种（高达30米或100英尺）、灌木、蕨类植物以及一种单棕榈，其中在森林里占主导的"核心"品种有38个。红树林形成了海岸生态系统，供养各类动植物。

在潮涨潮落的沿海地区，红树林的存在可以保护交界处的大地，以避免海浪的侵蚀、风暴的破坏和特别事件的影响。2004年12月26日，巨大的海底地震引起了印度洋海啸，产生了巨型海浪。人们无法完全缓解海浪抵达海岸的威力，但是完整的红树林却可以缓解海浪对内陆地区的冲击。但是为了给当地人提供可靠的收入来源，人们会清除红树林来养殖虾，这是一种极端的毁坏。

从空中看，潮间带的红树林划出了清晰的分界线：在海洋和内陆地区之间有块翠绿的绿色带。从船上看，这些植物就像海港，易被看见。从水源看，这些植物适应了陆地和盐水之间泥泞的、不稳定的过渡区，并形成了红树林的不同形态。

边缘红树林沿着狭窄的海岸线、环湖礁或河流三角洲切割而成的无数渠道生长。尽管它们能应对海水，但是红树林苗壮成长所需的盐分会被河水或雨水这种淡水稀释掉。在浅盆地，广阔的红树林要防避日常的浪潮入侵。岛屿或海岬的泛滥高潮会过度冲刷红树林，导致落叶层和有用的碎叶难以修复。

红树林可以采取多种不同的方式来控制盐分的含量，它们尽可能地通过根部吸收来减少盐分：红树是极好的盐分消除器。其他的物种，包括海茄冬（*Avicennia*）在内，都可通过泌盐腺把叶内的含盐液排出，留下盐晶体在叶背上。还有一组植物可允许盐分积累在叶片上，给叶子必要的供给。红树林的再生对森林的健康至关重要，但是移动的基地和水的流动会给幼苗生长

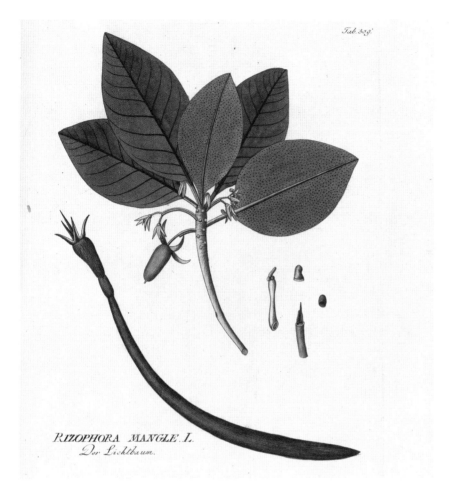

Tab. 329.

RIZOPHORA MANGLE. L.
Der Lichtbaum.

带来危害。为了解决这个问题，依附于植物的种子会在植物的各种帮助下发芽。这种植物的繁殖芽体会变得非常大，如红茄冬（*R. mucronata*）的繁殖芽体就会长到1米（3英尺）长。

成年植物也须应对水涝地。红树从高茎上生出支柱根，就像钢缆一样，其余的根从树枝上生长下来。在沿海台风多发的海岸线，银叶树（*Heritiera*）的板状根根植于大片的土地中，可固定住植物。这种紧紧贴着大地的生物结构必须能够在泥土中呼吸。有些植物则有皮孔，作用相当于叶片的气孔。植物有各种各样的呼吸根，如膝根和从空心水平根中伸出的钉根。这种风景的魅力可能来自植物的自我救助，它们的观赏价值和实用价值也在不断增长。

敬畏与崇拜

从神圣的到精美的

　　植物不仅满足了我们感官上的享受，更满足了我们感觉和精神上的需求。一些最早的手工艺品明显充满了对植物的敬仰之情，而且古代社会的神话传说也有很多是以植物神灵为题材的。当今主要宗教的教义都提到了植物的重要性和圣洁性。充满着崇拜自然、拥抱大树、欣赏植物风气的社会和百花节的设置等等，无不反映了：伴随着我们对植物的敬仰之情只增未减，一切都繁荣发展起来。而这种敬仰之情源于植物具有各种各样的意义和象征，并为我们带来了很多欢乐。

　　莲花之所以被视为神圣之花，是因为它能在污浊的河水中生长开花，并能在似乎业已衰败时获得重生。它完美地象征着重生和纯洁，美丽的芽尖和盛开的花朵为印度和佛教传统增添了一抹瑰丽的色彩。玫瑰是表达爱意的必备花束，具有形状各异的花形，只要在可以自然生长的地方，就会博得人们的喜爱。因为东西方的不同品种杂交融合，所以玫瑰的形状也会随着时代的推移而有所变化。玫瑰钟爱者一心追求芬芳的、多花瓣、多色型的玫瑰，因而最终兴建起了玫瑰乐园。

　　人们从开始对花只是理性的热爱，到后来衍变成疯狂，这一现象发生过不止一次，而且在世界上的各个地方都发生过。富丽堂皇的牡丹是象征着富

PUNICA GRANATUM. L.
Der gemeine Granatbaum.

TULIPA GESNERIANA DRACONTIA
TULIPA GESNERIANA VARIEGATA

Tulipani mostruosi
Tulipani brizzolati

贵和荣誉的中国国花，因为唐代的园艺者争先恐后地种植大型牡丹，所以当时牡丹的销售量非常庞大。当时的社会需要进行寻觅植物的远征，这些远征充满重重危险，目的是满足西方的需求。许多贪婪的鉴赏家寻觅新植物以收藏奇珍异宝，兰花就不幸受到他们的摧残。"郁金香热"在荷兰的黄金时代风靡流行，最终却造成期货市场波澜起伏。和奥斯曼土耳其人一样，荷兰人也对花怀着同样的热情，愿意付出艰辛。他们为了欣赏到花形更小、雅致柔和的郁金香，不惜翻越中亚地区的崇山峻岭。郁金香激发了许多艺术家的创作灵感，正如中国的梅花一样，即使冬天似乎仍未结束，它也担起了报春的使命。光秃的树干上还没冒出新叶，娇俏的花朵就已经开了。细腻的笔触需要体现出花的脆弱之美，这考验着无数优秀的画家和书法家的技艺。

那么，伊甸园里的禁果是什么呢？苹果和石榴具有同样的绰号，都具有产量大、花期长、数量足的特点。同样，枣椰树也是长久生命力的象征。长期以来，这些沙漠的"符号"与"生命之树"的概念有着某种关联，果实口味甘甜，具有救助之用，叶子是和平的有力象征。乳香是乳香树的干胶，具有圣洁的特质，在宗教意义上是纯洁的象征。在千年大典的宗教仪式上，人们点燃乳香，其气味在做礼拜的共同经历中具有重要的意义。

左上图： 石榴色泽鲜艳的花朵（右侧是其重瓣花品种）和日渐成熟的果实，下方是长熟的果实，裂开的石榴展现出隔膜间多汁的果肉。

右上图： 两种郁金香：小龙兰（向右生长）和翠玉合果芋，该画来自意大利内科医生和植物学家安东尼奥·塔基安妮·陀兹缇（Antonio Targiani Tozzetti）所著的《生长在橘树上的花》（*Raccolta di fiori frutti ed agrumi*）。

对页图： 图中的红门兰 *Orchis morio*（也被称为绿翅兰，*Anacamptis morio*）是一种花瓣边缘呈绿色的兰花，也是英国本土的兰花品种，查尔斯·达尔文曾使用该种植物做实验，以确定昆虫在为这些迷人的花朵授粉时所起的作用是什么。

Lotus

Painted in India between 1860 & 1870
by Mrs Fanny C. Russell 21 June, 1928.

莲　花

Nelumbo nucifera

象征纯洁和重生的神圣之花

当我们想象自己远离所有罪恶时，我们便能如莲花一般盛开在夏日的夕阳下。

——铃木大拙（D.T. Suzuki），1957 年

　　沐浴着新一天温暖的阳光，莲花花蕾一片片地展开花瓣，发出轻柔的沙沙声。莲花的芳香会弥漫一整天，香气越来越浓，吸引着授粉的昆虫整晚都在花苞里辛勤地授粉。昆虫正是凭借着植物产生的温暖而整晚授粉的。三天过后，莲花那最为迷人的美开始慢慢消失。花瓣凋落，只留下象征性的圆锥形莲蓬。接下来它会膨大和成长，一旦成熟便会落入水中，莲蓬中的种子便会发育成豆类形状的莲子。

　　如果说莲花花期较短，那么莲子则惊人的长命。莲子的生长历史可以追溯到1,000年前，如今已能成功地发芽生长。花茎顶部的莲花展现出微妙之美，这和底部的根茎形成了鲜明的对比，原因就在于莲花尽管生于污泥之中，却愈发纯洁美丽。圆圆的叶子由位于水上多刺的花茎支撑着，叶片上部具有防水的特性，一旦有雨水落在上面，叶片就会将其弹掉。叶片的凹心可以吸收很多物质，通过气孔和茎秆上的特殊通道连接，随后经过根茎将物质传递下去。这一体系提供了充足的水分，也是进行气体交换的方式。这证明了莲花之所以那么大，是因为可以储存水分，但同时需要的水分却更多。因为具有快速生长的能力，莲花可以在江河湖泊里形成浅滩和沼泽，此外它的繁殖能力也很强。

　　千余年来，上述这些特质延续至今。如今，我们见到的野生莲生长在温暖的地区和亚洲的热带地区——从伊朗到日本，从克什米尔到西藏，从新几内亚到澳洲东北部，莲花蔓延大部分地区，到处都有它们的痕迹。随着地质时期的变迁，白垩纪出现进而达到繁盛期，在干冷的地球上，莲花消失殆尽。或许是因为我们对莲花的喜爱才使其再度出现在地球上。

　　在许多莲花天然生长的地方，都与古代文化和宗教有着不可磨灭的关系。为了征战或者传播文化，无论人们去哪里，都会带上莲花，使天然扩散和人工扩散的形式混合起来。无论在何处，莲花都是一种象征着重生的植

物。雨水赋予了莲花神奇的力量,使其在干涸的池塘里获得重生。长期以来,莲花在美索不达米亚人的生活里具有象征性的作用。它和伊南娜教义的内容相关,伊南娜是乌鲁克城的丰饶女神,宝石和印章上都印有莲花的形象。莲花形状的节杖是尊贵地位的象征,在该区域的帝国时期一直保持着它的至高形象。直到公元前4世纪末,亚历山大大帝消灭了波斯帝国国王大流士三世之后,这一现象才发生了转变。公元前10世纪的上半期,在波斯帝国的影响下,莲花似乎和尼罗河的蓝睡莲及白睡莲享有同样的地位,并在伊希斯教义中取代了二者。作为育生和重生女神,伊希斯在希腊罗马的万神殿中成为埃及神灵的领袖。

就印度次大陆人们的信仰来说,莲花也变得尤为重要。《吠陀经》记录了印度的神话传说,而毗瑟挲和拉克希米是所创造的故事的主人公。故事提到,大蛇毗瑟挲漂浮在虚空中,从肚脐处喷出一朵莲花。莲花绽放后,孕育出了创世纪的主神梵天。就像梵天以莲花为坐骑一样,丰饶女神和吉祥天女拉克希米生来也是手持莲花,莲花已成为她身份的象征。它不仅可以用来装饰,随着吠陀教义逐渐生成,"若莲之心"成了人们内心世界的港湾,也是人们对于生活的精神追求的最终归宿。

莲花承载着佛教的元素,似乎是它将地球从宇宙洪荒之中托举出来。佛教从印度传到中国、韩国、日本、斯里兰卡,尽管有着不同的教义,都吸收了本地特色,也经过了后续的改编,但莲花仍是具有代表性的图像。因为在启蒙时期,莲花担任具有象征意义的重要角色,因此受到了人们的珍爱,并培植。如果能够像莲花的芽尖一样突破泥沼(象征人类的邪恶行径),或者像莲花一样超脱一切世俗事物,那么佛教的信教人士就可以接近天堂。

《莲华经》(*Lotus Sutra*,约公元前一世纪)是大乘佛教最为重要的教义之一,它提倡学说应该简单明了。13世纪,日本的大日莲成立了白莲宗,并进一步提高了该佛经的影响力。

明治维新(1868年)和日本对外开放后,日本文化在欧美越来越流行。莲花是构成东方魅力不可分割的一部分,被列入了新艺术(Art Nouveau)后来的名录,包括极具自然灵感的玻璃、陶瓷、珠宝、家具和纺织品。现在莲花在任何可能的地方都能生长,其不但在精神层面充满意义,也能帮助人们强身健体。在亚洲的东部和南部,莲花根茎和莲子(从更微观的层面来讲,就是叶子和花朵)成为人类的食材,西方人开始慢慢领略到莲花古老久远的美味。

Cyamus Nelumbo. Dr. SMITH.

XIII
7

TAMARA

of India.

枣椰树

Phoenix dactylifera

沙漠食粮

> 向你所处的方向摇晃枣椰树的树干，就会有新鲜成熟的枣落到你的身边。尽情吃喝，享受美味，你的眼睛里定会散发出幸福的光芒！
>
> ——《古兰经》19:25—26

在17世纪末，恩格柏特·坎普法（Engelbert Kaempfer）游历了俄罗斯、波斯和亚洲的大部分地区，在《海外奇谈》（*Amoenitatum Exoticarum*，1712）一书中记录了他的旅行经历。他见过抵达伊斯法罕的旅行队，长期以来，队里的商人们一直享受着骆驼奶和枣椰的美味，这种混合佳肴富含营养价值。

绿洲的四周是枣椰树，仿佛金光闪闪的海市蜃楼，使许多沙漠的旅行者望而生畏。这种真切存在着的树木洒下阴凉，为人们提供了很多帮助。通常在多石的裸露地面上，抑或在西南亚和北非的流动沙滩上，可以发现枣椰树的身影。枣椰树是绿洲独特生态环境的核心。它的根尽可能地吸收地下水，并有很强的耐盐性，因此枣椰树得以生长。

枣椰树的树干细长，高达30米（大约100英尺），树冠被复叶覆盖，因此枣椰树能为灌溉地搭起保护性的遮篷。树下长有水果、谷物和蔬菜，以及其他有用的粮食作物。上述"枣椰园"农业始于早期的青铜时代（大约公元前3世纪早期，位于美索不达米亚），为枣椰树的繁盛生长提供了有利条件。取自枝干的新鲜树液可以直接饮用，也可以经过发酵制成枣酒。棕榈木髓可以用来制作面粉，棕榈芯可以当作蔬菜食用。树冠上长有大量口味香甜的深红色的果实，这些果实成熟变干（根据果实的软硬程度不同，可以分门别类）后，易于保藏和运输，营养价值极高。经过压榨、发酵的枣可以酿造糖浆，也就是《圣经》"奶与蜜"故事中提到的蜜糖。树干、树叶、核果和油脂可用于制作木材、屋顶用材料、燃料、多用途的纤维（尤其是制作篮筐所用纤维）、饲料、不含咖啡因的咖啡以及肥皂。因此，枣椰树被提升到如此神圣的地位，甚至它被视为生命、丰饶和富裕的象征，也就不足为奇了。

苏美尔人通过将枣椰树的形象刻在圆柱状印章上的方式来赞美枣椰树。埃及人树立起纪念柱，将椰树的首字母刻到柱子顶部，上面还刻有永恒之神赫赫神手握棕榈树树枝的形象。棕榈树树枝呈锯齿状，用来记录时间。即使在气候条件不适宜耕种的地方，枣椰树也成为古代社会最具象征意义的图像。公元前9世纪晚期，人们为亚述国王纳西尔帕二世修建了尼姆鲁德西北部宫殿，宫殿寓所的浮雕上的枣椰树形象已经被高度地象征化。

自古以来，枣椰树就和生命永恒之间具有某种意义上的关联，这可能和它具有抵制火灾的能力有关（因此，被称作"*Phoenix*"），还与复叶在全年内有规律性的生长有关。要不是因为这种生命的永恒性，枝干细胞具有的独特本质或许不会为人所知。这些枝干细胞并非永不衰老，而是在枣椰树几乎长达150年的存活期限内，从不间断地发挥着重要的作用。枣椰树以亲本植株为基础发芽长大，这是其扩大生长数量的最佳方式。这些新生枣椰树中的雌性植株被挑选出来，因为只有雌性植株上才长有果实。

在希腊和罗马的田径比赛或其他比赛中，复叶都是胜利的代表，胜者的手中常握有枣椰树的复叶。在巴勒斯坦，枣椰树是一神论信仰的主要象征。对于犹太教的住棚节来说，枣椰树的复叶是一种重要的节日元素。为庆祝耶路撒冷成为基督教圣地，人们挥舞着棕榈树的复叶来欢迎耶稣，其中就包括基督教的早期殉道者。根据伊斯兰教的传说，在创造亚当这一形象的过程中，留下了大量的灰尘，而枣椰树正是由这些灰尘衍变而来的，随后它们随着伊斯兰教徒进入了西班牙。根据指示，伊斯兰军队不准毁坏现存的棕榈树。枣树是阿拉伯世界固有的组成部分，阿拉伯半岛上传统的建筑都是用枣椰树的树叶建造的。在每天沙漠的黄昏时刻，如果想要打破一个月的斋戒，没有哪种美食比得上枣椰树了。

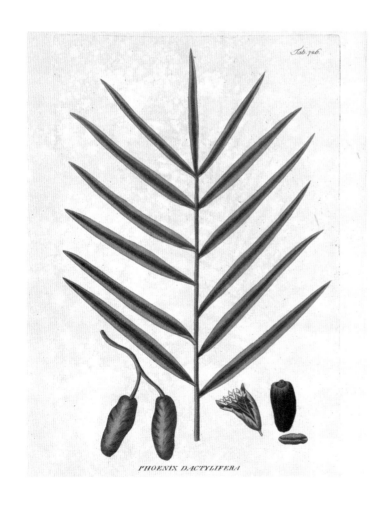

PHOENIX DACTYLIFERA

枣的复叶、花朵和果实。波斯的皇家花园具有种植枣椰树的传统，编织华美的地毯上长有各种各样的枣椰树，好像春天未曾离开过。

乳 香

Boswellia sacra

圣洁之树，散发清香

> 树木生长在条件适宜的地方，而乳香的栖息地只有塞巴。
>
> ——维吉尔（Virgil），公元前 1 世纪

乳香既贵重，也很实用，想想琥珀、焦油、沥青、松脂和松香就能得出以上结论。许多乳香取自针叶树，有些因为香气扑鼻而受到人们的喜爱。同样，人们也利用其他树的乳香气味清香的特点，将其用于制造具有香味的熏香、药品或香水。其中最负盛名的是乳香（也被称作"olibanum"），它是乳香属（*Boswellia*）的四大品种之一。其中，乳香属乳香木是最有威望的。一个神奇的奥秘笼罩着这个树种生长地塞巴（也门，阿曼）——据希腊阿伽撒尔基德斯（Agatharchides，公元前2世纪）所言，这里的空气中弥漫着最甜蜜的清香。

黄金、乳香和没药（取自没药属树木的树脂）被视为神圣的三大礼品，是由马吉送给耶稣的。不管真实与否，它们代表着当时三大最为宝贵的物品。到公元前2,000年左右，乳香被带到了美索不达米亚，它们很可能是从阿拉伯半岛的南部传入的。随后，单峰骆驼成为运输工具。而陆上的熏香路线或许促进了对单峰骆驼的驯养活动。毋庸置疑的是，公元前2,000年末，沙漠地区的人们控制了芳香剂和香料这一有利可图的贸易，他们穿过沙漠抵达埃及、黎凡特等地的市场，甚至最远到达印度和中国，途中经过的城镇通过合法的税收致富。纳巴泰王国因为该贸易变得兴旺发达，并在佩特拉建起城市。乳香具有不菲的价值，对于那些有渠道得到或贩卖最佳松香的商人来说，他们试图掌握乳香木最为精确的地理位置。历史学作家对于有些问题持模棱两可的态度，有些人认为是杜松提供了纯质的乳香。

在许多国家古代文化的仪式甚至祭祀的过程中，熏香的火焰、烟尘以及气味都具有重大意义。埃及人和希腊人怀有相似的信仰，他们认为香气可以驱赶恶魔，而香气本身象征着神灵。根据定义，神灵都是具有芬芳香气的高神。熏香本身是一种祭品，有关熏香的制作方法在希伯来人的《圣经》中有所记载。在罗马动物祭祀的准备环节，熏香也发挥了部分作用。基督教教堂规定禁止使用熏香，但是从5世纪开始，熏香再次为人所用。在香炉里焚烧后，熏香

根据恩格柏特·坎普法记载，散发着香气的熏香被放置在水烟袋的旁边。根据基督教教义，熏香更多地用在东方教堂之中而不是西方教堂。在16世纪的宗教改革之后，新教徒开始分发熏香。

在乳香贸易的盛期，也门和阿曼因空气清香而享誉盛名。在这里，乳香树树木繁多，并焚烧于此。相邻的非洲海岸和出现著名季风现象的印度盛产香料和香水，而该地也成为香料和香水的主要贸易区。

Burseraceae.

Boswellia Carterii Birdw.

散发出清香，是向牧师、经文、祭坛和圣餐等焚香致敬的一种物质。

如今，乳香木仅仅生长在阿拉伯半岛南部的"乳香特区"，该生态区的占地面积只有有限的一部分。树木生长在石灰石悬崖壁的裂缝中，位于远离海岸的内陆地区，享有其他干旱地带无法享受到的最佳水源。大多数树干的树皮薄如纸张。如果砍下树皮，乳香木将会释放出油性的树脂胶，如果刀痕不深，树木会自我修复，并保持旺盛的增殖能力。像泪水一样从树上滴落而下的树脂质量最佳。树脂变干变硬后，成为散发着浓重芳香、颜色白皙的珍珠或念珠。这些珠子可以软化处理，也可以将其研磨成末，用于混合调配。

在1世纪和2世纪的贸易高峰期，松香干化现象增多，开采规模变大，价格下降。似乎正是这些原因造成了乳香属乳香木数量的下降。如今，这一数量仍在继续减少。阿曼佐法尔的树木已经成为联合国教科文组织世界遗产名录的一部分，即"乳香的土地"。

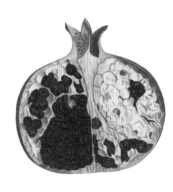

石 榴

Punica granatum

丰饶，多产，重生

> 他们在袍子的底边上，用蓝色、紫色、朱红色线并捻的细麻线绣着石榴。

> ——《出埃及记》39:24

石榴长期用于医药领域，据说对治疗心脏病颇为有效。如今作为"活力食品"之一，石榴已经成为一种新兴时尚。

打开石榴皮革似的外壳，就会发现它的内部好像一盒宝石，中间还有紧紧包裹在一起的隔膜。每个小种粒周围都被美丽多汁的子壳环绕着，这种子壳是石榴内部附加的种皮，正是它们形成了石榴令人垂涎、纸浆般的果肉。根据种类的不同，果肉的颜色从深红色到透明的粉色，各不相同。口味和颜色类似，也因石榴种类的不同各异。石榴的许多品种都是从外高加索地区、土耳其东北部以及里海的南部地区的天然果园移植而来。从生长良好的母树上取下插枝，酸甜混合的口味就会被择选出来，并延续下去。这些石榴树美丽雅观，深绿色的叶子金光闪闪，红色的花儿久开不败，透露出富贵高雅，这也使栽培者的心情变得愉悦。

无论生长在何方，石榴不仅长在花园，也走进了人们的灵魂世界。通常来说，石榴果实内部的种子象征着丰饶、多产和重生。伊朗高原中部的索罗亚斯德教徒经常在入会和举行婚礼时用到石榴。在希伯来人的《圣经》里，石榴总是和葡萄藤及橄榄枝一起频繁地出现在故事当中。牧师礼服和皇家礼服的边缘尽显石榴的装饰功能，此外，石榴还用于对所罗门宫殿的装饰。人们根据石榴的形状，将其刻在油灯和硬币上。据说，石榴包含613粒种子，和律法的613条戒令（命令）一一对应。在庆祝犹太教的新年时，石榴是主要的食物。

很可能是腓尼基人将石榴带到了北非和地中海的西部地区。在希腊神话故事中，石榴和德墨忒尔（Demeter，掌农业和丰饶的女神）及其女珀尔塞福涅（Persephone）有着很强的关联性。冥王将珀尔塞福涅劫持，并诱骗她吞下了些许石榴种子。因为在地狱，无论吃什么食物，都会受到困守阴间的惩罚，因此她不得不在阴间度过不足一年的时间。每年春天，她都返回大地，预示着森林和田地等又产生了新的生机和活力。石榴红似血、多分隔的果实内部好似子宫。为应对怀孕或生育之后的发烧现象，（古希腊医师）希波克拉底（Hippocratic）开具的药方中就包括石榴汁。

　　据传，大约公元前135年，随着张骞一行出使西域归来，石榴树便从喀布尔传到了中国的汉朝，尽管"石榴树"几个字也印在公元前168年的墓地古文物上。因为美丽的石榴花，石榴受到极大的赞美。石榴花的形状和颜色就像歌妓的舞裙一样，因此六朝时期（220—589年）的古诗将石榴比作红衣美女，以此来纪念它。

　　石榴蕴含重生之意，基督教堂将这一点吸收进它们的文化之中。此外，红色的汁液象征着基督的流血受死事件。在和宗教相关的艺术品中，圣母玛利亚经常托着婴儿期的耶稣摘这种石榴［比如波提切利（Botticelli）所作的《持石榴的圣母像》（*Madonna of the Pomegranate*，约1487年）］。在中世纪，人们运用这种隐喻方式编织成一系列名声非凡的织锦，名叫《捕捉独角兽》（*The Hunt of the Unicorn*，1495—1505）。在最后一幕中（有人认为应该将该幕单独呈现出来），被俘获的独角兽被拴在石榴树上。这可以被理解为钉在十字架上的基督，也可以被认为是婚礼上的庆祝方式，因为石榴是丰饶和团结的象征，也象征着集体的永续性。在1509年，阿拉贡的凯瑟琳嫁给了英格兰国王亨利八世，她将石榴选作盾徽。然而，这也无济于事，亨利因想要儿子却一直未能如愿以偿，于1533年与凯瑟琳离婚。

玛丽亚·西碧拉·梅里安（Maria Sibylla Merian）在其所著的《苏利南产昆虫变态图谱》（*Metamorphosis insectorum Surinamensium*，1705）一书中，记录了植物和以植物为食的昆虫，并展现出二者混合之后的巨大功效。如图，大蓝闪蝶的毛虫正在剥石榴的叶子。梅里安在苏里南度过了两年，带回许多样本和艺术品，来为编撰新书做好准备。

TAB. V.

Enkelde Griet.
Octob. Nov.

Witte Platte Appel.
Sept. Octob.

Bloem-Suir.
Sept. Octob.

Brand-Appel.
Dec. Jan.

Heer-Appel.
Nov. Dec.

Eyer-Appel.
Oct. Novemb.

Rode Soete Jopen.
Octob. Novemb.

Pomme-Rose.
Oct. Nov.

Somer Striepeling.
Sept. Octob.

苹 果

Malus domestica

诱惑之果，永生之果

> 但是，如果是关乎善良与邪恶的智慧之树，你就不应该食用它的果实，因为，如果吃了这种果实，你肯定会当天死去。
>
> ——《创世纪》（*Genesis*）2:17

如果苹果的根基不是在伊甸园，那至少是在"天山"，这种说法听起来似乎还算合适。想要为口感甜润的苹果提供适宜的生长条件，《圣经》故事中提到的天堂想要做到这点并不容易。那里缺少苹果生长必不可少的气候条件，经受不住冬日严寒的考验，当温度升高时，不会促使休眠的种子萌芽，也不会出现百花开放的景象。相较而言，位于中亚的天山（意思是"天堂的山脉"）斜坡却提供了必要的生长环境。当今水果的祖先很可能最初来自广阔的温带森林，在上新世的后期（260万年前），这些温带森林的覆盖地域从大西洋到波尼吉亚产生了周期性延伸。

现在，天山的斜坡位于哈萨克斯坦的阿拉木图附近，山上终年长有种类各异的果树林（虽然现在面临消失的危险）。在这样适宜的条件下，本地野生苹果——新疆野苹果（*Malus sieversii*）的果树形态和水果的大小、颜色、口感、质地、成熟期都各不相同。这种多样化程度极高的物种是人工培植苹果，即富士（*M. domestica*）的前身，后者是上述奇异品种的延续。早期的栽培苹果源自丝绸之路边上的哈萨克，后来由希腊人和罗马人将其带到了欧洲。正是在欧洲，富士和当地的西洋苹果，即栽培苹果（*M. sylvestris*）融合，并互换基因，产生了苹果的新品种。这些杂交品种又和木本植株互换基因，经过长期杂交（也被称为基因渗入），受人们钟爱的苹果品种便产生了。

人们曾经发现，一个品种生长下去的办法只有一种。将你最喜欢的植株的种子种下后，下一代植株就会出现差异。任何一个苹果的五粒种子种下后，都会长出各不相同的植株。正是通过接穗到根茎上的嫁接方式（大约4,000年前首次用于苹果），人们培育出"绿皮苹果的幼苗"（约19世纪10年代），一种英国的完美"烹饪水果"，或者说是美国的"翠玉苹果"（约18世纪50年代）；乌克兰的"阿伯特"或"亚历山大"（约18世纪）；最初生长于德国和意大利的"格拉文施泰因苹果"（约17世纪），在19世纪的汉

对页图：琼·赫尔曼·努普（（Jean Herman Knoop）的著作《果树栽培学：以苹果和梨为例》（*Pomologie, Ou Description des meilleures sortes de pommes et de poires*，1771）中选用的苹果品种。水果的缺陷是天然存在的，但是理想化的描摹通常将这一点忽略掉。

下图：水果大丰收木版画系列中的一幅，刻画了水果的年生长周期和使果园得以良好运作的方法，该作品收录在马尔科·布萨托（Marco Bussato）的《农产业园区》（*Giardino di agri coltura*，1592）中。布萨托开始以嫁接植物谋生，后来他写了一部成功的著作，该著作证明了在现代早期时，人们对于农业产生了越来越浓厚的兴趣。

堡广受人们的喜爱；甚至会育出"青绿色苹果"（约19世纪60年代），一种至今仍风靡全球、享有盛誉的澳大利亚苹果品种。

因为哲学观念的传播，人们日渐怀疑：伊甸园的苹果有着些许的生态学意义。在北欧，基督教盛行的早期，人们对更为普遍的希伯来"水果"（《创世纪》3:3）表现出罕见的喜爱。与"希腊瓜"（或者叫作"malon"）可以代指任何树上结的果实类似，"亚美尼亚瓜"指杏，"波斯瓜"指桃，"（阿拉伯）迈迪安瓜"指香橼。这种现象为《圣经》学者提供了多样化的选择，使他们能将水果名从希腊语翻译成外文，也使其他人能寻找到类似金苹果的水果，从而完成了赫拉克勒斯（Heracles）十二件大功中的第十一件。希波墨涅斯（Hippomenes）运用阿佛洛狄特（Aphrodite）给他的三个苹果，在竞走比赛中打败了阿塔兰特（Atalanta）。希波墨涅斯扔出苹果，阿塔兰特弯腰拾起，自此希波墨涅斯和阿塔兰特步入了婚姻的殿堂。当时，帕里斯被要求在三位女神中做出裁决，判定谁能得到刻着"给最美丽的人"几个字的金苹果。如果当时这些事情没有发生的话，特洛伊的城墙或许可以保留更长时间。

因为人们相信苹果的性内涵，所以苹果的壮阳功效和在求婚中的地位广为流传，这不仅涵盖了体形大、口味甜的苹果，也将体形稍小、口味较怪的野生酸苹果包括在内。从传统意义上来说，前罗马时期的凯尔特人对上述野生酸苹果尤为钟爱。他们制作出口味香甜的苹果酒，将苹果蒸干或进行烹饪，使苹果的口味得到提升。苹果爱好者利用野生酸苹果制作出美味鲜红的苹果酱，他们利用苹果表皮中的丹宁酸使苹果酱呈现鲜红色。作为一种装饰性的树木，苹果树也得到了人们愈来愈多的赞美。

偷食苹果之后，亚当和夏娃被贬为凡人，而凯尔特人和挪威人的神话故事却认为这种水果充满了永生的魔力。被神化了的亚瑟王生活在阿瓦隆，代表长寿的苹果就生长在那里。斯堪的纳维亚岛上的上帝选民靠食用富有魔力的苹果为生。伊敦是青春女神，也是阿斯加德天堂里的苹果守护员，她中了诡计，给敌人大力士带去了苹果，因而众神开始变得衰老无力。经历了无数风险之后，她终于回到了原来的苹果园，利用一些苹果片，帮助众神恢复了往日年轻的容颜，也使他们的精力恢复得像往常一样。

罗马人在种植果树方面非常精通。罗马帝国消亡之后，种植果树这一风俗被零零散散的修道院继承发扬下去。事实上，在伊比利亚半岛使果树栽培恢复往日繁荣景象的是穆斯林人。苹果树被用来制作桌子，苹果是压榨苹果汁的主要原料。在欧洲的苹果种植区，苹果汁是重要的饮品，19世纪初，美国种植了大量的约翰尼苹果树，其实就是这种苹果树。通常来说，部分农场工人的工资都是以苹果汁的方式支付的，这一传统一直延续到1878年才被认为是不合法的。

英国的维多利亚时期似乎是苹果甜点的鼎盛时期。远洋探索之后，苹果受到了来自海外的美食新品的挑战。但是越来越多最新筹资兴建的大型房屋都要求带有围墙花圃，而且英国的气候适宜种植苹果，因而这些因素都促使英国人对苹果产生了推崇心理。苹果的系列品种数创造了新高，成熟期也延长到了最长。苹果不只是供人食用，还供人欣赏。售卖苹果的商店一般只向朋友开放，他们总是对苹果的果肉口味发出惊叹之声。

苹果的花和果实。天山是苹果的诞生地，这里常年被冰雪覆盖，植被却没有受到破坏。而北欧和北美的大多数植物却因冰雪无法生长下去。在天山，大量的地质活动使土壤重新焕发生命力，还使得新大陆得以诞生。这部分区域和山区周围的大片干地被分隔开来，所有这一切都被证明是有利于苹果进化的。

PYRUS MALUS L.
Der Apfelbaum.

然而，许多苹果树产量较低，两年一熟，或者深受疥癣、腐烂和害虫的迫害。在世界上的其他地方，尤其在20世纪的美国，大型商业果园兴起，人们对苹果的采摘、包装和分类都运用了工业化的手段，并通过一系列的超市售卖苹果，以满足人们日益增长的需求。苹果的种数急剧减少，为了满足人们对美味苹果的需求，苹果的新品种总能被培育出来。

如今，对于那些早已被人忘却的苹果品种，人们又开始重视起它们的价值，不仅因为它们可以满足人们的口味需求，还因为苹果本身的基因构成十分丰富。"天山"上还蕴藏着其他丰富的财富，等待着人们去发掘。而我们对苹果的喜爱也远未结束。

中国梅花或日本乌梅

Prunus mume

春日的报信者

日本乌梅的花和果实，日本乌梅为蔷薇科落叶乔木植物梅的其中一种，选自《日本常见花卉》其中的一大专题（1895）。日本的梅花调味品包括酸梅泡菜、酸梅酱和经过泡制后所剩的"酸梅醋"。

> 开得正盛的是梅花，这春日的报信者好似有着独特的天赋，最先感知到春天的到来。

——肖刚（Xiao Gang，音译），公元6世纪

至今，中国的梅树已经被歌颂了千年之久。以中国梅花和日本乌梅而闻名的这种并不高大的梅树事实上更像杏树，而不像梅树，它们的相似树种都同属李属（*Prunus*）。梅树生长在中国四川西部、云南西部的斜坡之上，在越南和老挝的北部、韩国以及日本都能发现它的踪影。散发着清香的梅花呈白、粉、红和浅绿色，尽管地面上积雪未化，它们还是在光秃秃的枝干上骄傲地盛开着。梅花盛开，预示着春天即将到来。梅花和竹子、松树一道，在中国被誉为"岁寒三友"。

虽然梅花开得雅致，然而人们最先培育的是类似杏一样的梅子，也就是一种果肉呈黄色甚至绿色的水果。梅子一般都太酸，无法生吃，因此人们通常将梅子晒干、盐腌、泡制、捣浆，甚至用来酿造美味的红酒。在长沙马王堆（公元前2世纪）的1号西汉墓中，出土了许多花盆，盆里装有梅石、干果以及有关干果加工程序的纸质记载。一千多年来，辛辣的泡菜一直是东方人最为青睐的食物。如今，以中国梅花和日本乌梅为原材的调味品广受东亚人和犹太人的欢迎。人们对梅花医用功效的认可也有着很长的历史，这些功效包括梅花可以为战争中受伤的奴隶补充能量。泡制的酸梅内含有诸如苯甲醛、有机酸之类的化学成分，这些化学成分和红色的紫苏叶（可用作染料）可以在抵制大肠杆菌的过程中共同发挥作用，尤其对治疗食用生鱼后发生的疾病效果显著。

汉代（公元前206年至公元200年）的早期果园主要用于种植水果，但是令人惊异的花的栽培品种也吸引着越来越多人的注意力。5—6世纪的诗人开始赞赏梅花的妖娆美丽，这种五瓣的花朵还具有重要的隐含意义，每片花瓣代表着传统五福中的长寿、富贵、康宁、好德、善终。文人作家尤为赞赏这种纤弱动人而又顽强生长的花朵，称赞它们在中国的新年之际还能抵抗低温的袭击。梅花不仅是皇家园林中意的花种，就算在平民百姓的花园里也同样

蔷薇科落叶乔木植物梅的水彩画。紫金山公园坐落于中国南京,在那里数以万计的梅花散发着清香。在日本,在2月和3月的节日梅花祭,人们在公园、圣殿和庙宇里喜迎春天的报信者——梅花。

如此。当时的人们将梅花的外形塑造成他们喜欢或想象的形状,还建造了供人观赏的长廊。如果发生在现代,梅花或许会被打造成微型观赏品,比如中国传统的盆景或者日本传统的盆栽。

虽然梅花的花期不长,但是在其开得正盛时,为了达到装饰室内的效果,枝干通常被剪去。花期的长短和梅树的生存周期息息相关。梅花象征着重生和生机,开在干枯的树干上,展示出坚忍和顽强。那些不相纠缠、花开正盛的枝干被艺术家描绘得细致入微,栩栩如生。因而"墨梅"成为一种为人熟知的花种。

在宋代(960—1279年)和元代(1271—1368年)期间,人们种植梅树的风潮达到了新的高度,在艺术和诗歌层面对梅花的赞赏也有了新的意义。13世纪中期,宋伯仁的《宋刻梅花喜神谱》(记录梅花的书目)中包含100幅木刻印版图,每幅木版图都印满了一页纸,旁边还配有一首诗歌。这既可以解读为手工绘画,又可以视为针对元代统治者的反抗之声。这些艺术家留下的画作采用了丰富的掩饰技巧,通过艺术形式传达出内心的不满情绪。作为春日的报信者,梅花每年都给人们带来启迪。

上图: 此玫瑰品种为"纯白玫瑰,大马士革玫瑰(*Rosa Provincialis, Sive Damascena*),选自杰勒德的《草本志》(1633)一书。书中,杰勒德认为,"在所有花卉中,玫瑰占据着最为重要的地位"。

对页图: 此玫瑰品种为"秋季大马士革玫瑰,香水玫瑰(*Rosa bifera officinalis/ Rosier des Parfumeurs*),选自皮埃尔·约瑟夫·雷杜德(P.-J. Redoute)所著的《玫瑰》(*Les Roses*,卷一,1817)。雷杜德的管理和创造能力都很出色,除了香气,他几乎对玫瑰所有的特点都了如指掌。玫瑰精油最主要的组成成分是香料,但其他组成成分却是造成玫瑰香气诱人的主要原因。

玫 瑰

Rosa spp.

代表爱情的花

颜色红艳的玫瑰象征着上帝的光辉和尊严,任何想要目睹上帝风采的人,都必须首先欣赏艳丽的玫瑰。

——卢兹比罕·巴拉里(Ruzbihan Baqli),设拉子,逝于1209年

或许玫瑰是最受人们喜爱的花朵,同样它也具备许多隐含意义。在2013年2月14日情人节的前一周,全球最大的花卉拍卖市场FloraHolland上共交易了1亿支玫瑰。长期以来,玫瑰都深受人们的喜爱,它的典雅高贵从未消减,相反却始终以各种各样的花形吸引着人们的注意力。有的玫瑰被打造成微型盆景,有的在地上生长蔓延,有的从灌木丛攀缘到了高处;有的只有五片花瓣,有的花瓣多得数不清;花的颜色有白色、粉色、紫色、红色、黄色、橘色,甚至还有花纹;有的一年只开一次花,有的一年盛开多次;有的花茎上只开一朵花,有的开得密密麻麻;有的叶片四季常绿,且带有清香;有的花散发着浓郁的香气……人工培育的玫瑰品种繁多,就像正在举办一场花的庆典。类似玫瑰这样品种繁多的花本就罕见。这恰恰证明了,几个世纪以来,人们一直都热爱玫瑰。因为玫瑰具有七对染色体,人们利用染色体的分离和重组这种独特而又复杂的方式来培育玫瑰新品种。

随着时代的变迁,玫瑰的象征性意义也逐渐发生了变化。时代潮流和宗教礼仪的改变似乎反映了:在许多重要的古代文明发祥地,人们都十分珍爱当地的玫瑰。就自然条件来说,玫瑰只在北半球生长,但就其本质来说,在北纬20°到70°之间,都有生长玫瑰的可能性。在渐新世(3390万年至2300万年之前)期间,玫瑰似乎经历了生长的旺盛期,经过花种的散播,其野生品种几乎达到了100到150种(玫瑰的分类法较为复杂),这些纷繁复杂的花种装点着当今的世界。

从其野生品种来看,玫瑰很可能已经经历过多次人工培育。一旦经过人工栽培,玫瑰就会自然而然地和那些近亲及远亲杂交,能够使花园中栽培植物的数量接近20,000。许多早先出现的玫瑰就是通过杂交的方式面世的,但是有关何时和如何杂交的问题一直是个谜团。红白相间的阿尔巴斯是法国蔷薇(*R. gallica*)和犬蔷薇(*R. canina*)经过杂交形成的旧式欧洲花种。保加

41.

Rosa bifera officinalis. *Rosier des Parfumeurs.*

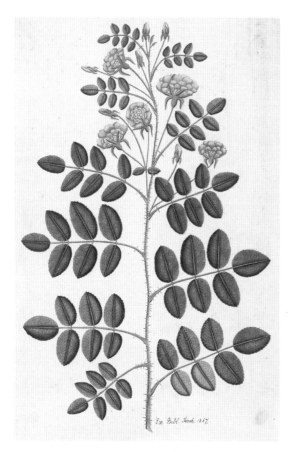

左上图： 这幅水彩画很可能于19世纪早期创作，作者是一位印度的艺术家，擅长为东印度公司创作植物的插图。他的作品既表现出了传统的绘画风格，又符合欧洲自然历史类插图的要求，既具有古典的气息，又具有异域的特色。

右上图： 来自英国皇家植物园的植物标本。英国皇家植物园中的月季花种类繁多，现被誉为"世界上玫瑰品种最丰富的玫瑰园"。1868年，该植物标本由约瑟夫·达尔顿·胡克提供。

利亚玫瑰（*R. damascene*）有三个亲本植株，每个亲本植株的自然属性各不相同。在过去的某个时期，玫瑰原生品种法国蔷薇（*R. gallica*）和人工培育品种欧洲玫瑰（*R. moschata*）又培育出了最新的玫瑰品种。这种玫瑰新品种和腺果蔷薇（*R. fedtschenkoana*）杂交之后，又会培育出清香典雅、带有花纹的玫瑰。关于玫瑰招人喜爱这一点毋庸置疑，因为带有花纹的玫瑰还散发着清幽的香气。玫瑰花瓣经过蒸馏后，可以制作出玫瑰精油及其副产品玫瑰花水。对于波斯人厨房里香甜可口的菜肴和西南亚清凉香甜的蜜饯来说，玫瑰花水都是它们的常规用料。索罗亚斯德教的教徒至今仍用玫瑰香水招待客人。

在希腊的书面文字方面，玫瑰有时被用作生死爱恨的象征。罗马人延续了这一传统，并将玫瑰的隐含意义扩大化，使其上升到新的层次。玫瑰被用于医药领域，是高档晚宴的必备食物，并在罗马、埃及和坎帕尼亚（意大利的行政区）等地区大量种植，以生产装饰花环和花冠所用的原材料。

玫瑰最初是基督教的禁忌花种，直到中世纪才重新出现在基督教堂，起到装饰的作用。此外，玫瑰还成为基督教义的内容之一，科莱弗·圣·伯纳德（1090—1153）在对《圣经旧约·雅歌》的注解中提到，白色玫瑰是圣母玛利亚的象征，而红色玫瑰的五片花瓣代表着耶稣五伤。在蔷薇十字会员组建的私密协会里，玫瑰和十字架通常被相提并论。该协会在17世纪新教的诠释学领域中（曲折发展的一大领域）发展壮大起来。

玫瑰是波斯人花园里的必备花种。根据伊斯兰教传说，穆罕默德升天接受神启时，他的汗液滴落到地球上，化为一朵香气幽幽的玫瑰。另据13世纪的苏非传说，卢兹比罕·巴拉里和鲁米（Rumi）都对玫瑰超自然的特性大加赞赏，玫瑰凋落之后，至少香气仍弥漫在天空之中，久久不会散去。

通过人工种植和栽培，人们培育出了多样的玫瑰品种，这使延长玫瑰花期成为可能，事实上只有名叫"damask"的玫瑰品种一年盛开两次。18世纪晚期，针对中国培育出的一季多花期的玫瑰品种，西方人表现出兴趣，其实早在1,000多年前，因为具备高超的栽培技术和丰富的玫瑰品种，中国人就已开始欣赏这种玫瑰。整整一个夏季，中国培育出的玫瑰品种都能盛开不败，粉色的、深红的、浅红的、黄色的玫瑰应有尽有，一副欣欣向荣的景象。有的玫瑰还散发出淡淡的清香，就像新鲜茶叶的味道，因而杂交茶品种应运而生。当时，玫瑰的四大栽培品种都对英国的气候条件颇为适应（英国在中国的贸易进程中占据着主导地位），并起到了"修饰装点"的作用，还为欧洲和北美的玫瑰爱好者带去了珍贵的物种基因，自此掀起了一阵培育中国玫瑰的浪潮。如今，因为日益复杂的杂交过程（和基因的一些良性突变），人们能培育出更多美丽诱人、香气幽幽、生长稳定的玫瑰。这使全球俱乐部和协会中的玫瑰狂热者非常高兴。

人们一般认为，约瑟芬女皇（拿破仑的妻子）为提升玫瑰的地位发挥了主导作用，并在梅桑的城堡建起了一座典雅优美的玫瑰园。就浪漫色彩来说，这一说法还算合理，但其真实性仍值得考究。不过可以肯定的是，约瑟芬对玫瑰很感兴趣，她将玫瑰种子播撒在那座辉煌城堡的各个边界。直到20世纪初，梅桑对公众开放，这座"玫瑰园"才得以问世。

玫瑰也有其不为光彩的一面。罗马帝王埃拉加巴卢斯（Elagabalus）统治罗马帝国的时间较为短暂，但据历史记载，朗普里狄斯（Lampridius）曾命令他走过一些布有玫瑰的房间，玫瑰大量充满香气的花瓣使很多宾客感到窒息。19世纪末，在阿尔玛–塔德玛（Alma-Tadema）的著作《埃拉加巴卢斯的玫瑰》（*The Rose of Heliogabalus*）中，"紫罗兰和其他花"都变为玫瑰的花瓣。如今，这些难以置信的滑稽事件要想真的发生，很可能需要来自哥伦比亚、厄瓜多尔和肯尼亚航运者的帮助。他们已经对直到现在还深深吸引着我们的这种花在全球范围内的市场了如指掌。

郁金香

Tulipa spp.

郁金香种球

> 所有凡人最乐意观赏的唯一花种就是郁金香。让我们一起来试着尝尝郁
> 金香的味道吧，它会让我们开心，也会让我们尝到那道菜的苦涩。
>
> ——彼得·洪迪厄斯（Petrus Hondius），1621 年

郁金香端庄素雅，花朵较小，单手即可握住，外部的单层花瓣包裹着花内柔软的组织。在层层的花瓣中间，提供养分的部分是新生茎秆，其内部的深层部分储存着许多提供能量的物质。胚胎似的花骨朵位于顶部。一旦郁金香被种下去，待根部生长成形，并度过必要的凉爽阶段后，茎秆就会推动正在生长的花骨朵持续向上生长，随后花骨朵就会变色，继而绽放，并毫无保留地向世人展现出它的美丽，时间长达两周。

处于植物休眠期的郁金香较易输送，以便确保在下一个春季来临时，能为别处的人们立即带去欢乐。正是因为这一点，奥斯曼土耳其人将不同种类的郁金香从最初的野花改造成了花园中必备的珍贵花种。1453年，穆罕默德二世攻占了君士坦丁堡（伊斯坦布尔），建造了托普卡普皇宫，并设计了波斯式的花园，里面种满了康乃馨、玫瑰、风信子、鸢尾、黄水仙和郁金香。从16世纪开始，他的后人就将郁金香融入奥斯曼土耳其文化之中，并成为纺织品、陶瓷的主要材料，其中最为出名的是华美的琉璃瓦。

土耳其已经成为野生郁金香以富丽堂皇的方式进入花园的地方，虽然如今在土耳其的山区长有许多野生的郁金香，但只有四种郁金香被视为天然品种。郁金香的起源地很可能在遥远的东方，位置在中亚的天山和帕米尔-阿莱山脉之间。山脉和干草原为植物的生长提供了各种适宜的条件，包括便利的排水系统、冬季的冷风、春季的细雨、夏季灼热的阳光。正是在这里，郁金香长得十分旺盛。奥斯曼苏丹人和同样贪婪的维齐尔人曾提出要求，希望从帝王和诸侯的野外领地挖出尽可能多的郁金香，因此当时的花商成为自然的布局者。他们选取并杂交郁金香花种，希望这些花种长成近乎完美的理想品种：花茎较长，健壮典雅，并长有六朵长度相同、形似匕首的花瓣。

对于欧洲人来说，郁金香并不是他们一见钟情的花种。1562年，第一批郁金香抵达安特卫普，却遭遇了不幸。一位商人收到一包衣服，附属品是郁

金香，但他试着用食用油、醋和洋葱烧烤郁金香，并将剩余的部分扔进花园里。大多数被扔掉的郁金香都奄奄一息，但其中一些被一位名叫乔治·拉伊（George Rye）的商人和园丁培育起来。类似的郁金香品种也被运往阿姆斯特丹。1593年，卡罗勒斯·克鲁修斯（Carolus Clusius）成为花园的新任园主，他引进了一些郁金香品种。他将开得正盛的郁金香囤积起来，禁止他人观赏和销售，最终这些花卉被盗。荷兰的郁金香热潮闻名遐迩，法国和英国经历了更为疯狂的郁金香热潮，而像德国一样的国家则是极富影响力的郁金香市场。

贸易和探索旅行的一大目的就是寻找并向世人展示自然的神奇，那些探险的人们带回了许多奇形怪状的植物，这使人们对植物产生了浓厚的兴趣，郁金香热潮就是一个实例。

下面我们来看看花卉盛期的情景。欧洲人喜欢花型较大的郁金香，然而真正引发郁金香热的是它的花色。如今在集植或花店的郁金香开花盛期，花卉都是纯净单一的花色。与此不同的是，通过某种神秘的方法，郁金香的颜色会变得丰富多彩，有的淡雅恬静，有的妖娆艳丽。这个方法被称为"渗入"，显然即一种颜色渗入花瓣的另一部分，好像色泽完美的刷子粉刷后产生的颜色效果。令人喜爱的花卉品种共有三种：黄中透红的奇异玫瑰（Bizarre）、白中有红的玫瑰、紫白相间且具有浓郁气息的紫罗兰（Bubloemen）。

现在，人们认为，这种令人惊异的美是由某种病毒造成的，该病毒对控制蛋白质的基因发起攻击，并阻碍其花瓣上生产出某种特殊的色素。病毒还会减缓植物的生长进程和鳞茎的形成过程。这些小鳞茎在植株上争先恐后地生长着（种子不会这样生长）。随着时间的流逝，单棵病态的植株枯死后，后代植株还会存活下去。因为寄生病毒和郁金香都生长在花商的苗床上，所以培育出受欢迎的新型花种也大有可能。因此，具有讽刺意味的是，起初那些花卉爱好者出于激情做些劣质物品的交易，直到17世纪20年代，才由专业的苗圃主人经手。因为小鳞茎（经过运输之后，按重量计算价格）的价格上涨，这个生意赚了很多钱，随着具有企业头脑的市长作为经纪人进入到这个市场做郁金香期货贸易，这一生意持续繁荣下去。直到1636年末、1637年初，这一经济泡沫才彻底破灭。

为了能进行长途运输，荷兰人对郁金香进行了成功包装，并雇用了一些海外销售员帮助他们扩大市场。其成为世界上种植鳞茎和鲜花的领先企业，并在20世纪凭借新型的纯色花种打入了宏大的美国市场。如今，荷兰共有43.2亿郁金香，其中的23亿在花卉摊和作为插瓶花束销售。现在他们尽可能地做到无病毒，而且那些过去盛艳的鲜花如今只在几位花卉行家那里生长着，也是早期的绘画大师所钟爱的画作主题。

兰 花

Orchidaceae

奇妙可人

> 芝兰生于深林，不以无人而不芳；君子修道立德，不谓穷困而改节。
>
> ——孔子（Confucius），公元前 551 至公元前 479 年

上图：原加东附生兰（Angurek katong'ging），最初出现在恩格柏特·坎普法所著的《海外奇谈》（1712）中，该花的花名结合了马来语中的"附生兰"与"蝎子"，现在，这种花的名称为窄唇蜘蛛兰。在盆栽植物市场上，蜘蛛兰品种可以和兰花杂交，因此具有重要的商业用途。

对页图：虎头兰1848年在不丹被发现，由海因里希·古斯塔夫·雷申巴克（Heinrich Gustave Reichenbach）命名，他是19世纪著名的兰花专家之一。艺术家、雕刻家沃尔特·胡克·菲奇擅长将枝干健壮、长势复杂的植株画到纸上。

兰花具备所有的特点：精致优雅，香气诱人，独具特色的花形似乎无穷无尽，迷惑人心，让人印象深刻。如果兰花永远迷人，那么今天的兰花已经成为一个赚钱的门路了。女士们或许不再佩戴过去的那种兰花胸花，在新娘的花束方面，兰花已经成为玫瑰和百合的有力竞争对手，但兰花已成为超市的热门花种，货架上满是兰花品种。许多花种属于蝴蝶兰属（*phalaenopsis*），或者称为"蝴蝶兰"，因为它们和昆虫界的蝴蝶外形上极为相似。许多未被命名的杂交品种应有尽有，包括来自南亚和印度尼西亚群岛的品种，并采用了微繁殖技巧。这些杂交品种或许不是喜欢纯色兰花人的最爱，它们呈现出白色、粉色、紫色和黄色，散发香气的兰花花瓣显现出其高贵优雅的气质，散发着一种异域的魅力，令人们仿佛置身于潮湿的热带地区。人们对于兰花的喜爱历久弥新，兰花可以拉动数十亿计的买卖。无论在何处（除冰冷的南极外，任何纬度均可），兰花都被世人推崇备至。

孔子将兰花视为纯洁、道德的象征，后来兰花成为隐居文人最喜爱的创作主题，相反这些文人墨客不愿辅佐蒙古人（元朝的统治者）。在诗歌，尤其是水墨画领域，兰花象征着困境中的圣洁之躯。兰花画或许成为中国、日本和韩国的主导艺术形式。此种植物也是中国的主要药材。石斛兰属（*Dendrobium*）具有不同的品种，它们因为能够强身健体而久负盛名，这种特性反映了兰花能适应不同的栖息地环境。名为"Shih-hu"或者"rock-living"的兰花能在裸露的石头上生存下去，它们适应力强，意志坚强，能把这些品质代代相传。最近据调查，和其他兰花一样，它们包含某些活性物质。

在古希腊和古罗马时期，人们将植物外形和医学功效间的相似性命名为"症状学说"。欧洲大约有1%的兰花品种，包括红门兰属（*Orchis*，睾丸的希腊语说法）和眉兰属（*Ophrys*），其深入地下的部分具有两个膨胀的根茎，有点像男性的生殖器官。在希腊神话中，山野精灵萨图罗斯的儿子奥克斯（Orchis）经历了无数的性冒险，结局都不容乐观，去世之后，他留给后

Cymbidium Hookerianum. C grandiflora

Cfr. C. giganteum

杂交兰花品种凤仙花（兜兰属），选自约翰·德（John Day, 1824—1888）所著的剪贴画本，上面画有他自己种植的兰花，这些兰花生长在伦敦花圃、英国皇家植物园里，有的甚至生长在热带。

世许多与性有关的植物。泰奥弗拉斯托斯（Theophrastus，约公元前372年至公元前288年）、迪奥斯科里季斯（Dioscorides，约40—80年）和伽林将不同繁殖力的兰花分门别类，以便在不同肥力的土壤里推荐种植不同的兰花。最近，人们在罗马纪念碑上发现了不同的兰花品种，在奥古斯都修建的和平祭坛上也找到了带状兰花，在凯撒为维纳斯修建的庙宇里同样找到了带状兰花。根据民间传统，人们认为这些植物都是春药。土耳其人食用淀粉冰淇淋的做法由来已久，这种淀粉是由强壮红门兰的根晒干并加工成粉末制成的，据称有壮阳的功效。

兰花家族是开花植物中最庞大的家族之一，有超过26，000个品种，大多数生长在热带和亚热带，其中许多都是附生植物。17世纪，以寻找东印度香料为主要目的的海外探险开始了，这些海外探险家将植物商贩、传教士、官员、外交家和医生带到了新大陆，还带去了异域花卉。格奥尔格·埃伯哈德·鲁姆菲斯（Georg Eberhard Rumphius）是巴达维亚（雅加达）的"首位商人"，著有12卷的《拟鹿角标本集》（*Herbarium Amboinense*，于18世纪中期作者去世后出版）。书中记载了陆上兰花和附生兰花的主要新型品种，后者通常被描述为"野生植物中的贵族花卉，因其仅仅长在树的高处，极其稀缺，故而得名"。

强壮红门兰，早期的紫色兰花品种，和红门兰（*O. morio*）一样，被用于达尔文的实验之中。因具有两个膨胀的根茎，从而得名。两个根茎和种皮中都包含4，000粒种子。一旦栖息地（草原和牧场）遭到破坏，就算种子数量再多，也无法和21世纪的植物进行竞争。

因为此类书籍的出版和此种植物的到来，人们对异域植物产生了新的热情。约瑟夫·班克斯从澳大利亚带回了石斛兰。尽管在漫长的海运过程中，许多标本被毁坏，为大英帝国的扩张事业做出贡献的人仍带回了许多植物标本。成功运达的植物生长在温室里，当时的人们误认为这些植物都是寄生品种，以致在植物培育过程中发生了致命的失误，导致花卉凋谢，很是令人失望。不过，异域植物专家威廉·卡特里（William Cattley）却成功了。1818年，来自巴西敖干山脉的"最为盛艳"的卡特兰（*Cattleya Labiata*）在温室里向人们展现出它的美丽。或许，卡特兰之后非常受欢迎。

最初，花卉工人依靠许多植物专家来为他们提供母株，不过后来他们雇了许多专业植物搜寻人员。19世纪，名叫詹姆斯·维奇（James Veitch）的花卉工人花费巨资做赌注，将许多人送到热带搜寻植物。在19世纪下半叶，英国和北欧国家的兰花热潮持续升温，这对自然栖息地带来的危害很大。植物搜集人员之间存在竞争，他们想方设法采集兰花，有时甚至为了采集到地面上的植物不得不砍伐大树。他们一旦得到了想要的一切，就会破坏周围的环境，避免其他人获得同样的资源。

为了使收集来的植株（许多植株刚来时就被拍卖了）数量增多，花卉工人做了许多繁殖和杂交的实验。兰花经常多年无法散播种子，即使成功散播，也不容易发芽。兰花育有许多种子，因为比在胚芽时期需要更多的空气，种子飘在空中甚至浮在水面。细微的花形意味着它们储备的能量极少，无法在种子发芽时提供充足的能量。作为补偿，兰花向品种更为具体明确的方向进化，通过菌根真菌促进种子发芽，并在植物后续的生长过程中给予支持。坚持不懈又极具天赋的植物学家约翰·多米尼（John Dominy）虽未发现上述事实，但他为维奇（Veitch）服务，于1856年培育出了第一株杂交兰花长

TAB.11.

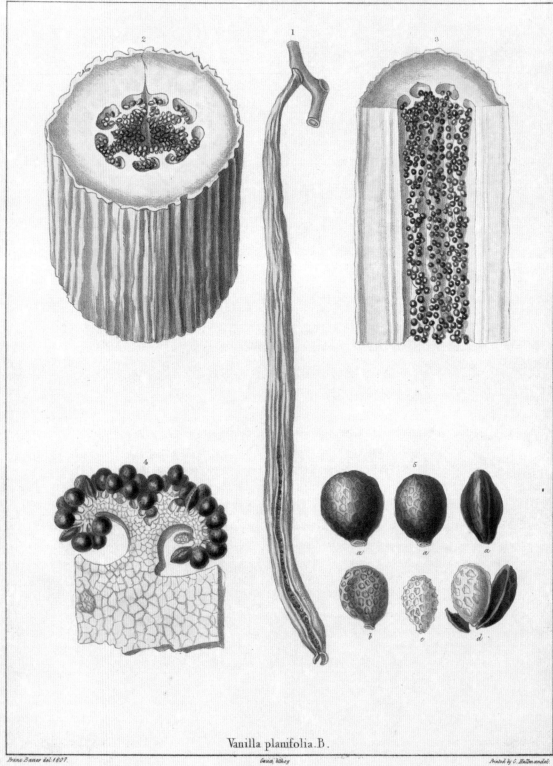

Vanilla planifolia. B.

Franz Bauer del. 1807.

Printed by C. Hullmandel.

矩虾脊兰（*Calanthe × dominyi*）。著名的兰花专家约翰·林德利（John Lind-ley）为该兰花取名，将其以约翰·多米尼的名字命名，并评论道："你将使这个植物界疯狂。"

查尔斯·达尔文（Charles Darwin）较为理智冷静，但是也对兰花和其繁殖方式深感兴趣。他想了解不同的兰花品种和传粉昆虫共同进化的这一令人惊奇的适应进程。首先，他用野生的英国兰花做实验，后来在肯特·达尔文故居中种植兰花，他将兰花比作雌性昆虫，诱引雄性昆虫交配，从一株植物上采集花粉传给另一植株。他还从朋友和记者那里找到了大量的热带兰花。达尔文发现了一种来自马达加斯加岛的名叫彗星兰的兰花，它具有令人惊奇的25厘米（10英寸）长的蜜管。他当时认为，一种吻特别长的蛾可以帮它授粉，这一推测较为准确。1903年，人们发现鹰蛾（*Xanthopan morganii prae-dicta*）的吻较长，的确能够抵达蜜管，并能传授花粉，但是直到1997年人们才发现这一事实。

几乎众所周知的是，植物和传粉昆虫之间的特殊关系在兰花的生长过程中发挥了重要作用。很少有人不喜欢香草，因为它具有诱人芬芳的花香。但是不为人知的真相在于，合成物质并不是由木质素制成的，而是以兰花为原料。主要的香草兰花品种是梵尼兰（*Vanilla planifolia*，或叫桂花）。兰花豆荚受到墨西哥东部托托纳克人的喜爱，并用作送给阿兹特克人的礼物，它还是上层人士所喝的巧克力冷饮的主要风味之一，对于交战之前的士兵来说同样如此。托托纳克人对兰花非常尊重，他们相信兰花是由一位古代公主的第一滴血衍化而成，这位公主和情人私奔，最终被处死。

香草至今仍然价格昂贵，因为在其他地方（除去具有天然传粉昆虫的地方），兰花只能人工授粉，在人工分类和人工包装前也仅能由人工采集、人工治疗。1841年，年纪轻轻、刚被释放的奴隶埃德蒙·阿尔比斯（Edmond Albius）发现了一种人工授粉的简便方法。19世纪60年代，阿尔比斯将印度洋的留尼旺岛打造成世界上最大的兰花生产地，取代了墨西哥。阿尔比斯的人工授粉方法和香草兰花广为传播，从而使得马达加斯加和印度尼西亚（二者都生产美丽的本土兰花）都成为首屈一指的兰花生产地。

至今，兰花依然令人惊叹。在2011年，人们在新不列颠岛（巴布亚新几内亚）发现了夜石豆兰（*Bulbophyllum nocturnum*），它能在晚上10点钟盛开，是当时发现的首个夜间开花的兰花。因为兰花和黏菌具有相似性，植物学家安德烈·舒特曼（Andre Schuiteman）在英国皇家植物园提出预测，传粉昆虫或许是蕈蚊。这些无不体现了兰花世界的神秘。

对页图：扁叶香果兰果实的一部分，扁叶香果兰是一种香草兰花，该图将其种子放大了200倍。植物学家和兰花专家约翰·林德利、著名画家弗兰西斯·保尔（Francis Bau-er）共同编纂了《兰科植物》（*Illus-trations of Orchidaceous Plants*，1830—1838）一书，被认为是兰花的普及读物。

牡 丹

Paeonia spp.

雍容富贵之花

> 穆宗皇帝殿前种千叶牡丹……上每观芳盛，叹曰："人间未有。"
>
> ——9世纪中国唐代小说家段成式

香牡丹，引自皮埃尔·约瑟夫·雷杜德所著的《玫瑰全鉴》(*Choix dex plus belles fleurs*，1827—1833)。牡丹，又称木本牡丹，源于中国，长期以来都是人们乐于种植的植物牡丹受到唐代统治者的敬重，他们用大量的牡丹花装点皇宫。19世纪，雷杜德首先将其用作绘画素材，牡丹至今仍受到人们的喜爱。

在希腊神话传说中，派翁（Paeon，或称Paean）是众神的医师。他治愈过哈德斯（Hades）和阿瑞斯（Ares）的伤口，众神为奖赏他，将他死后的躯体化为一株牡丹。草本牡丹的几个品种生长在希腊的山坡和岛屿上，它们都和上述神话传说有联系。在克里特岛克诺索斯的线性文字石碑上，记载着众神的名字，阿波罗（Paiawon）就是其中之一，或许纯白、单瓣的克里特岛红边椒草（*P.clusii*）品种便起源于此。这种植物的根含有芍药醇，该物质极具挥发性，抗菌效果较好。深褐色的希腊牡丹（*P.parnassica*）是在帕纳索斯山上发现的，它含有甲基水杨酸盐（类似阿司匹林的物质），可以用来治疗伤口和扭伤。

但是，单一的牡丹品种不会成为学识渊博的草本植物学家的唯一研究对象。在公元1世纪，迪奥斯科里季斯（Dioscorides）认识到牡丹具有多种医疗用途，并将其分为雌株和雄株，这与植物的繁殖策略无关，而是与它们的相对健壮性有关。繁殖策略并不为当时的世人所欣赏，一般人们认为牡丹是雌雄同株植物。巴尔干牡丹（*P.mascula*）是雄株，而芦葡（*P.officinalis*）是雌株。牡丹在医药市场上占据重要地位，因为它是一种耐寒植物，所以受到人们的欢迎。在中世纪的欧洲，牡丹被视为"尊贵花园"的必备花卉。烤猪肉时，可以将压碎过的牡丹种子用作香料，也可以烤牡丹的根，它们产生的辛辣味觉会使人忘掉脂肪的油腻。人们培育出红白相间的多花牡丹，提高了牡丹的审美价值。

草本牡丹（herbaceous peonie）从西班牙传到了日本，从位于北极圈的科拉半岛传到了摩洛哥（在美国和墨西哥的西北部，还有两种草本牡丹）。幸运的是，中国是8种木本牡丹的原产地。鹿韭（Mudan）或鼠姑［Moutan，通常称作牡丹（*P.suffruticosa*）］牡丹植株较高，这类木本植物本身就具有神秘性和魅力。据说，"牡丹"之名源自木芍药（Mudang），它是花中的医药之王。在唐代（618—907年），木本牡丹在朝廷和民间风靡开来，并为诗人和

Paeonia daurica

名为"牡丹"的水彩画,这种草本牡丹生长在克罗地亚、伊朗、土耳其和高加索山脉上。过去,人们对于牡丹和雄牡丹(公元 1 世纪的草本牡丹)之间的关系不太确定,不过最近研究表明牡丹是一单独品种。

画家带来了创作灵感。一些人甘愿用数百英两黄金来交换,据说当时的园丁能培育出直径长达30厘米(12英寸)的牡丹。风铃草(*P. lactiflora*)也是中国本土的牡丹品种,这种草本植物因为具有药用价值而广为种植。

8世纪,佛教僧人将木本牡丹带到日本。日本的园丁在宫廷牡丹的培植方面取得了进步,后来又培育出了银莲花的花形,使雄蕊能够长出可以布满花钵的窄小花瓣。他们为培育出的新型牡丹取了各种各样的名字。

18世纪末,随着约瑟夫·班克斯爵士将牡丹引入欧洲,木本牡丹就在欧洲的高档花园里成为一种时尚,因为人们认为它是一种散发香气又不带刺的"玫瑰"。芦荀(*P. officinalis*)和风铃草(*P.lactiflora*)杂交后的牡丹新品种更为漂亮。为了引进新品种和扩大牡丹数量,植物搜寻者在东方寻找牡丹新品种。虽然中国的边境很难跨越使得搜寻工作不那么容易,但是搜寻人员的坚持不懈终于带来了好消息。日本的伊藤(Toichi Itoh)让木本牡丹和草本母株杂交,然而前期实验均告失败,后来终于培育出期盼已久的黄色品种。令人遗憾的是,1963年,还没等到新品种开花,伊藤就先离开人世,他为后人培育出更多花型和色彩的牡丹铺平了道路。

大自然的奇迹

超凡的植物世界

如果我们因为有些植物使人着迷、震惊或恐惧，就给予它特权，会不会显得有些不公平？然而，有很多植物都会令人感到惊叹，即使是世界上最冷血，对生物多样性了解最多的人也会为之所动。大自然的神奇带给我们的不仅仅是感官上的感受。通过简单研究，我们会发现它们为了适应大自然做出了许多改变，这些改变帮助我们揭示了地球丰富而不朽的历史。

猴面包树看起来十分古怪，遍布非洲、马达加斯加以及澳大利亚干燥缺水的地区。它们就好比巨大的水塔，当地人挖开它们膨胀的树干来获取里面储存的水。千岁兰应对缺水有一系列方法，如不断生长的叶子和特殊的代谢方式。千岁兰的叶子向下生长，紧贴地表，有助于抵抗纳米布沙漠的季节性干旱和沙尘暴。至今为止，它们已经成功地从恐龙时代生存到了今天，那时它的生存环境温暖湿润。

如果千岁兰以它的丑陋闻名，那么生长在南美洲河道上的王莲的美则毋庸置疑。王莲的花朵具有菠萝香味，能够吸引传粉甲虫，它的叶子结构可以称得上是植物界的工程杰作，为伦敦水晶宫里的铁艺作品提供了灵感。1851年世博会就在伦敦水晶宫举办。在进化的过程中，许多植物的结构几乎达到自然界最完美的状态。向日葵花盘上种子的特殊排序和向日葵始终追随太阳

的初始能力，激发了人们实施太阳能项目的灵感。

　　猪笼草和巨大的大王花用奇异的方式来获得它们需要的营养物质。猪笼草生长在缺氮地区，为了弥补氮的缺失，它使用高度进化的叶子捕捉昆虫（有时是更大的猎物）。猪笼草含有一系列酸性消化酶。许多在野外不易开发的植物成了19世纪温室内的必备成员。大王花是世界上最大的单瓣花，同时它也是寄生植物，依附在热带藤类的根部，靠散发腐烂的肉味吸引尸蝇前来传粉。如果森林中这种热带藤类的栖息地遭到破坏，就意味着大王花这种特别的植物也将消失。

　　人类活动对植物生长地造成的破坏远没有原子弹的影响巨大。在二战即将结束时，一枚原子弹在日本广岛爆炸。在原子弹爆炸一英里内的废墟中，一颗银杏树就好像凤凰一样，浴火重生。人类与植物有着长远的联系，植物似乎可以为我们提供无限可能，但我们仍在不断探索。抛开植物的多种用途不言，它们作为生命的一部分，茁长生长，便值得我们庆祝。

左上图: 猴面包树令人惊奇的下垂的花朵，这幅水彩画描绘的是19世纪末印度加尔各答植物园中的一个面包树样本。

右上图: 千岁兰的细节图，图中包括千岁兰叶子中的吸水管（图片底部中心）、锥状结构、鳞片状结构、花以及种子，这些构成了这个惊人的植物的生殖结构。

猴面包树

Adansonia spp.

上下倒置的树

> 他们将我带到一个特定的地方，我看见一群羚羊；但当我看见一棵异常粗壮的树时，时间、思想好像在一瞬间静止。
>
> ——米歇尔·安德逊（Michel Adanson），1759 年

猴面包树的花和叶，后面还有猴面包树的果实。图片来自《科斯蒂植物学杂志》（1828 年）。据说西非的曼丁哥人以这种果实作为交易。已损坏的果实被焚烧后，燃烧后的灰烬和腐臭的棕榈油混合可以制成肥皂。干燥后的叶子可以食用，同时也具有药用价值。

根据非洲创世纪的神话，上帝给每一种动物属于它自己的树，作为最后一种动物，鬣狗得到的是猴面包树。鬣狗很厌恶猴面包树，把它丢在一边，恰巧上下颠倒地插在土里。猴面包树形状独特，枝干看起来很像根系。对于外界研究者来说，它一直是植物界的一个奇观。猴面包树的地理分布并不寻常，对于那些生活在该地区的人来说，它就是一株完整的树。

猴面包树属（*Adansonia*）是以法国博物学家米歇尔·安德逊的名字命名的，他在1750年左右第一次发现猴面包树。但早在几个世纪之前，这种树就已被埃及和中东人所熟知，人们对它的果实赞誉有加，将果汁与水混合能得到一种清凉饮品。这种水果可在开罗的市场购得。16世纪后期，威尼斯博物学家了解到这种水果，并称其为"bu hobab"（之前被称为"bu hibab"），意思为"多籽的水果"。在当地，整棵猴面包树都可以被利用。猴面包树的叶子和花可以直接做成沙拉食用，种子可以像咖啡豆一样经过烘焙后使用，柔软的树皮可加工成绳子，它的纤维可以纺成衣服，果实坚硬的外壳可以制成漂亮的盘子或者容器。生长多年的猴面包树树干粗壮，可以储存大量水分，并在干旱季节发挥作用。为方便使用，人们有时会在树干上安上水龙头，抽取水分。猴面包树树干巨大而且中空，可建造成酒吧、监狱和餐厅。

猴面包树体型庞大，树干周长可达30米（100英尺），远超加利福尼亚大红杉（不算总体积），而且早期博物学家认为猴面包树具有惊人的寿命。安德逊（Adanson）从事实中得出结论，两棵由15世纪和16世纪旅行家标记的猴面包树在这一个世纪中并没有过多变化，因此这两棵树的树龄至少有5,000岁。探险家－传教士大卫·李维斯顿（David Livingstone）十分推崇猴面包树，但他没想到猴面包树可以在诺亚洪水的灾难中存活下来。现代评估认为猴面包树的树龄大约为2,000年，但是想要做到精确推测是很困难的。

猴面包树的天然分布也不同寻常。猴面包树属下有8个品种，其中非洲品种（*Adansonia digitata*）是最为常见的。它适合生长在海拔约450到600米（1,475到1,970英尺），气候相对干燥的草原环境。还有一种澳大利亚的猴面包树品种（*A. gibbosa*），原产于西澳大利亚的金伯利地区。其他6个品种都是在马达加斯加发现的，几乎可以肯定，那里就是猴面包树的原产地。人们认为或许在一百万年前，有坚硬外壳的猴面包果从马达加斯加漂到了较近的非洲海岸，后来漂到了距离较远的澳大利亚。在时间和环境条件的影响下，两个新的品种应运而生。

猴面包树的大小和形状非同寻常，且有许多不同的用处，对当地居民有特殊的意义。猴面包树具有精神意义，也成为人们膜拜的场所。很多猴面包树都有自己的名字，当它们死亡的时候，人们会为它们举行完整的葬礼仪式。猴面包树可以从掉落的树干上长出新的树枝，这意味着一棵猴面包树就可以长成一大片树林。虽然很多热带国家都种植猴面包树，但上述提到的6个品种中至少有两个品种，由于土地清理和不受重视，已成为濒危植物。

托马斯·贝恩斯（Thomas Baines）于1858年创作的油画《吕村河岸旁的猴面包树》（*Baobab near the Bank of the Lue*）描绘了生长在密西西比河支流旁的粗壮的树木。猴面包树可以做成非洲吟游诗人或说唱艺人的棺材，这吸引了很多欧洲游客的兴趣。这里的人拒绝将死人下葬，他们认为人生前做的错事可能会污染土壤或水源，因此他们将死人干燥处理后做成木乃伊。

千岁兰

Welwitschia mirabilis

沙漠中的奇观

毋庸置疑，这是这个国家最神奇的植物，也是最丑的植物。

——约瑟夫·道尔顿·胡克，1862 年

　　纳米布沙漠是世界上最古老的沙漠之一，位于西南美洲大西洋海岸平原。这里降雨次数极少且不规律。沿岸的雾气冷凝滴落，为动植物的生存带来了至关重要的水。在沙漠北部有一条植物带，生长着世界上"最丑的"植物千岁兰，它或许不漂亮，但是它的确是一种非凡的植物。

　　千岁兰的主根深入土壤，汲取水分。主根周围有海绵一样的网状根向四周延伸，抓住任何机会，汲取植物周围河道里的水分（虽然河道总是处在干涸状态）。主根上面是一条较短的木质茎，顶部凹陷，有一部分埋在土里。木质茎的两侧各有一片叶子，个别植株有两组及以上叶子。叶子从基部持续生长，每年增加10到15厘米（4到6英寸），至少可生长600年。失去一片叶子，千岁兰就会死亡。长期的沙尘暴使叶子变得支离破碎，造成一种错觉，好像千岁兰不仅仅有两片叶子。它们偶尔也会成为食草动物的食物，包括大型的羚羊、犀牛，以及小型的昆虫，如微小的节肢动物。

　　沙漠对植物的生长具有极高的要求，因此在沙漠里见到如此巨大的叶子是十分少有的。与其他植物相比，千岁兰能反射更多的太阳辐射，但它的叶子却并没有进化成适宜在沙漠中生长的样子，即形状较小，拥有专门的储水器官和光滑的叶表。但千岁兰的叶子经过进化后，叶面的气孔（可以让空气和水通过的微小空隙）可以灵活开闭，并且更好地将碳（从二氧化碳中获得）储存为有机酸以便进行光合作用。

　　千岁兰是一种古老的植物，它的直系祖先的历史可以追溯到2亿年前，那时种子植物首次成为世界上的主导植物。化石证据表明，相比于现在局限的生长范围，千岁兰属曾广泛分布于各个区域。千岁兰经历了非洲大陆与南美洲大陆的分裂漂移和恐龙的灭绝，并存活了下来。自19世纪60年代以来，千岁兰仅仅占据了现代生物科学的一小部分。那时两名探险者将千岁兰和资料带到了植物世界的中心：英国皇家植物园。

　　千岁兰的命名是为了纪念弗里德里希·威尔维茨（Friedrich Welwitsch,

5368

奥地利医生，植物学家和探险家）。他受葡萄牙政府之命前去收集千岁兰，在葡萄牙的殖民地安哥拉的最南端发现了这种奇怪的植物。尽管这种植物立即吸引了植物界的兴趣，西班牙政府对这个结果却并不满意。因为虽然千岁兰是一种独特的植物，但是它并没有什么经济价值。

英国艺术家与探险家托马斯·贝恩斯长途跋涉到达纳米比亚，并且把样本送到英国皇家植物园，在那里约瑟夫·达尔顿·胡克花费了大量精力在显微镜下观察千岁兰样本，为这种独特的植物出版了一本著作。出书的过程纵然艰辛，但却无法和威尔维茨在寻找千岁兰时遇到的挫折相提并论。他遭受过疟疾、痢疾、败血病以及双腿严重溃烂。他所做的一切都是为了这种植物。在千岁兰面前，他能做的只有跪倒在炙热的土地上，静静凝视，心存恐惧，生怕自己轻轻地触碰会将一切化为幻影。

王 莲

Victoria amazonica

"植物界的奇迹"

没有任何词语可以形容它的壮观和美丽。

——约瑟夫·帕克斯顿（Joseph Paxton）写给德文郡公爵的信，

1849 年 11 月 2 日

发现这种"植物界的奇迹"对罗伯特·尚伯克（Robert Schomburgk）来说意义非凡。他曾代表英国皇家地理学会考察圭亚那的河流，结果并不乐观。1837年1月1日，在波比斯河的浅水中，他无意中发现了王莲硕大的叶子（长达2.5米或8英尺）浮在平静的水面上。巨大的粉白相间的王莲花（直径达30厘米或12英寸）生长在粗壮而又长刺的主茎上。当夜幕降临，尚伯克闻到了王莲散发出的诱人的淡淡的菠萝香气。他并不是第一个见到王莲的欧洲人（王莲第一次被发现是在1801年的玻利维亚），但是这次发现却更加著名。尚伯克带来的种子在威廉·胡克（英国皇家植物园负责人）的培育下成功发芽。这是王莲在南美外第一次被种植。

为了纪念英国女皇维多利亚，王莲最终被命名为"*Victoria amazonica*"。1849年11月，约瑟夫·帕克斯顿（查茨沃斯德文郡公爵的首席园丁）成功培育了从英国皇家植物园获得的王莲花，并使其开花，这引起了极大的轰动。王莲生长迅速（每天生长15厘米或6英寸），且需要温暖的环境，帕克斯顿为它的加热箱设计了一个精致的温室。这位多才多艺的人紧接着在1851年为世博会的水晶宫创作了蓝图。不论是创作王莲温室还是水晶宫，帕克斯顿的灵感均来自大自然，更确切地说，是从王莲叶子下表面中得到的灵感，它可以称得上是"大自然的工程杰作"。

《伦敦新闻画报》的读者对一幅异想天开的画并不陌生。画中有一朵王莲花，叶子上有一个小托盘，帕克斯顿的女儿安妮（Annie）就站在这个托盘上（托盘是为了均匀分散安妮的重量）。正如他在艺术学会的会议上所做的解释，他借鉴植物自身的承重能力，发明出具有创新性的"垄沟式"屋顶设计。叶子上布满强壮且灵活的叶筋，交错形成叶网，能够将主茎所承受的重量分散到整个叶片上。

王莲花的受精过程被称为"48小时的奇迹"。王莲花的花朵为白色，

在开花的第一个晚上，由于热化学反应而发热，并散发出香味。雌花吸引身上沾满花粉的甲虫前来传粉。一旦甲虫落在花上，花朵会随之闭合，将其俘获。王莲花是甲虫的食物，同时起到保温的作用，而甲虫则能使王莲雌花受精。受精后的王莲雌花则从白色变成粉色，雌性变成雄性，并不再发热或散发香气。第二天晚上花瓣再次绽放，将花内的甲虫释放。这时甲虫身上已经裹满了雄花的花粉，随后这些甲虫将去寻找另一株王莲（白色，散发着香气且能发热）。已经授粉的花瓣最终会闭合，然后沉入水底。这就是授粉的一系列过程。

　　甲虫和王莲的合作也有多年的历史。小王莲化石（Microvictoria svitkoana）的历史可以追溯到9,000万年前，与王莲一样，同属睡莲科（Nymphaeaceae）。现存的莲花和其化石在很多结构上都是一致的（该化石在美国新泽西州的古老的黏土坑中发现）。这些古老的花也是由昆虫传粉。但两者的区别在于花的大小。小王莲的花朵很小，直径仅仅1.6毫米（1/16英寸）。这种古老的家族关系能让我们了解到生命历史中被子植物或开花植物出现的时间。尚伯克或许一直都十分欣赏有"活化石"之称的王莲。

图为王莲花和部分王莲叶。继约瑟夫·帕克斯顿之后，许多植物学家开始进行有关王莲叶在波澜的水中如何不变形的研究。王莲表面需要有排水的能力。王莲的叶片上密布小孔，叶缘还有两个缺口，水可以从小孔和缺口中排走。

猪笼草

Nepenthes spp.

陷入陷阱

> 在这，我想说说几种婆罗洲产的引人注目的植物。神奇的猪笼草……在这里得到最大的发展。

> ——阿尔弗雷德·拉塞尔·华莱士，1869 年

按照正常的规则，昆虫（或者其他动物）以植物为食，但是有的植物却偏偏违反了规则，它们能够捕获昆虫。世界上大概有650种植物（和一部分真菌）吸引并捕食动物，大部分为昆虫，但偶尔也有较大的猎物。这似乎与大自然的规律相反，尽管有很多例子证明了它们的存在，也有人曾亲眼看见，但伟大的博物学家林奈仍不愿相信这个事实。查尔斯·达尔文于1875年出版的经典作品便意在让读者更好地了解这个世界。文中称这些植物为"食虫者"，但因为他们甚至可以捕食更大的动物，所以现在大家更倾向于称他们为"猎食者"。

"猎食者"的分布十分广泛，属于多个不同的植物群，主动或被动地捕捉它们的猎物。它们通常生活在潮湿的环境，但有一些品种也能适应干燥的环境，一些"猎食者"，包括捕蝇草（*Dionaea muscipula*，达尔文称其为世界上最美妙的植物），可以分泌黏性液体吸引猎物，然后它们的"捕猎机关"就会闭合，把猎物捕捉住。另外一些植物则会散发出诱人的气味吸引猎物。猪笼草的叶子形似水壶或者水罐，因此得名。它并不能主动捕捉昆虫或者其他动物，只能靠鲜艳的颜色、气味或者花蜜吸引猎物，使它们掉入花内的黏液中。猪笼草的颜色、形状、大小千差万别，有的容量可达2升（4品脱），曾有人见过猪笼草捕食老鼠。

猪笼草中的液体，虽常被雨水稀释，但仍呈天然的酸性。很多品种的顶部长有皮瓣，可以限制进入的雨水量。在猪笼草的捕虫笼的内部有一个"危险区"，那里富含像蜜蜡般的分泌物。当猎物接触内壁时，表面的结晶会脱落，使内壁变得异常湿滑。当猎物被捉住后，液体的酸性会逐渐增强，有助于消化酶分解猎物的组织，猪笼草通过捕食猎物获取氮和其他营养物质。猪笼草的捕虫笼的外壁很薄，但却足够结实。

亚洲猪笼草属于猪笼草属（*Nepenthes*）。该属下有大约110个品种，分布在印度到北澳大利亚的热带地区，马来群岛的分布最为集中。尽管猪笼草

属是一个大属，但每个品种的范围都很小，有些品种则只出现过一次，因此只能通过原始标本了解它们。然而，很多品种生长得十分茂盛，有些品种能很好地适应荒地的生存条件。大多数猪笼草品种为藤本植物，可长达20米（66英尺），一些品种则属于灌木。猪笼草的适应能力惊人，可以生长在树干，甚至是干燥、多石的地方。

18世纪后期，猪笼草被运到欧洲后，人们对它的痴迷便一发不可收拾。在维多利亚时期，温室中也种植着很多猪笼草。园丁们面临的挑战是根据自然生境，为一个特殊的品种调整合适的生长环境。现在所有品种的猪笼草贸易都受到了控制。

很多新世界的植物也和猪笼草一样，经过进化，能够捕食动物，如眼镜蛇百合（Cobra Lily）和瓶子草属（*Sarracenia*）下的一些品种。当然自然界也存在"以牙还牙"的情况，蚊子可以抵抗某种猪笼草的消化酶，并且把捕虫笼中的液体作为繁殖池。

猪笼草是斯里兰卡的本地囊叶植物，是最早有植物学记录的植物之一（17世纪末），它的茎通常是盘曲缠绕的，在斯里兰卡被当作牛绳使用。

大王花

Rafflesia arnoldii

世界上最大的花

大王花的芽在生长很长时间后就会在宿主的根附近长出一个越来越大的芽。它们生长在森林中极易遭到攻击，一些哺乳动物例如豪猪和树鼩以它们为食，乌鸦在寻找昆虫的过程中会破坏它们，还有很多动物会践踏它们。

> 跟我来！先生，快！一朵花，非常大的花！十分漂亮！简直是完美！
>
> ——约瑟夫·阿诺德（Joseph Arnold）在苏门达纳的马纳尔河（Manna）写给道森·特纳（Dawson Turner）、帕劳·莱巴尔（Pulau Lebar）的信，1818年5月

1818年5月19日，约瑟夫·阿诺德博士在南苏门答腊研究热带雨林时看到了一种他认定的世界上最大的花。大王花直径接近1米（3英尺），重达7千克（15磅），一直保持着"巨花联盟"王者的地位。但是花的大小只是它众多迷人特性中的一个。

阿诺德是一名海军外科医生，也是一位热心的业余博物学家，和斯坦福·莱佛士爵士[Sir Stamford Raffles，1817年被任命为明古连（苏门答腊岛西海岸）的副总督]是好朋友，他为阿诺德成为一名植物学家而感到高兴。那时他们正在雨林进行实地考察，沿着海岸向上游走了两天，这时，一个仆人给他们带来消息，有关植物世界最伟大的奇迹。仅仅五周后阿诺德死于热症，可能是由疟疾引起的。于是这种植物被命名为"*Rafflesia arnoldii*"，以此来纪念他们二人。

阿诺德不是第一个看到大王花的欧洲人，路易斯·奥古斯都·德尚（Louis August Deschamps）才是第一人，他在1797年发现了大王花较小的品种，后来这个品种被命名为"*Rafflesia patma*"。现在人们已经发现了19种大王花，分布在苏门答腊、爪哇、婆罗洲、菲律宾和马来西亚泰国群岛。因热带雨林被清理用作耕地，雨林中的树木被砍伐以获得木材，大王花的栖息地遭到破坏，已成为珍稀植物。

所有的大王花都是寄生植物。它们没有叶子，也没有根茎，因为体内没有叶绿素，它们无法进行光合作用。事实上，大部分时间它们将自己线状的花丝隐藏在寄主的组织内，这些寄主为崖爬藤属的一些藤本植物，属于葡萄科。这种奇怪的花穿破藤蔓根部生长出紧闭的花苞，就像卷心菜的花穗一样，随后会开出五瓣粗大、似瘤状的花瓣。大王花的雌花与雄花分开，花期只有5天，因为形似腐烂的尸体，并散发出腐尸的味道，靠尸蝇传粉。也正是如此，大王花又有一个俗名——尸体花。虽然苍蝇为其传粉，但显然得不到

任何回报，因此，大王花是名副其实的寄生植物。

　　大王花之所以模仿尸体的形状与气味，或许与它巨型的植物群和花朵的进化过程有关。在大王花迅速长大的过程中，有一个阶段为传粉阶段，由苍蝇和甲虫完成（称为苍蝇授粉）。在这种生长竞赛中，花朵越大便越具有吸引力，如果大的尸体最受苍蝇欢迎，那么大王花花朵越大，便越容易引来苍蝇传粉。也正因如此，即使不同品种的大王花同时生长在一个区域，也不会有杂交的风险。大小不同的大王花之间极难进行传粉，而大王花不同品种的大小则从10厘米（4英寸）到巨大不等。

　　世界上没有大王花的化石。它们在4600万年前便已出现，那时它们便从寄主植物中经历了大量的基因转移。如果它们的栖息地遭到破坏，它们就会灭绝，那么人们便永远不可能明白是什么造就了它们非凡的进化过程。

　　大王花是世界上最大的独立花种，但它既无根也没有叶子。这是一种寄生植物，依赖宿主生存，是在苏门答腊和婆罗洲发现的一种藤蔓植物。大王花的芽冲破树皮，开花，生长，并且产生腐烂的气味，以吸引腐肉苍蝇进行传粉。

RAFFLESIA ARNOLDI R BROWN

向日葵

Helianthus annuus

大自然的启示

> 在四月播种种子，到了夏天，它已经长到14英尺，花朵重达3磅2盎司……直径为16英寸。

——约翰·杰勒德，1636 年

向日葵具有惊人的吸收太阳能的能力，并可快速生长，激发了一种竞争意识。在16世纪，一名草药医生曾报道过这种来自美洲的新植物，他说这种植物在一个生长季就能达到相当的高度。现在最高向日葵纪录保持者是德国卡尔斯特种植的向日葵，高达8.23米（27英尺）。

美国东北部的人们相互竞争，希望能种植出最高的向日葵。在向日葵出现在旧世界之前，他们便早已开始种植。证据表明，向日葵的人工培育始于5,000年前到4,500年前之间。巨大的、单花的向日葵是早期作物群中的一部分，是食用油的重要来源，现在依旧如此。在西方国家，人们采集、使用野生向日葵，并将其用于医疗领域或仪式中。

人工培育的向日葵沿着早期的贸易线路被传入墨西哥。考古研究表明，向日葵在古代的用途不只局限于饮食。向日葵出现在阿兹特克人的仪式上，用以表达他们对太阳的崇拜。墨西哥向日葵的花心为黄色，由此不难看出向日葵与给予世界生命的太阳之间的联系。在征服西班牙之后，天主教教士试图浇灭人们对向日葵的崇拜。

向日葵的花盘由无数小型的管状盘花排列而成，位于花朵的中央，四周围绕着舌状花，看起来就像一圈花瓣。盘花形成错综复杂的螺旋形，当每朵花都产生"种子"或者瘦果（事实上每一个瘦果中含一枚种子）后，这种结构会变得更加明显。这种排列的模式被称为斐波纳契数列螺旋（Fibonacci spirals）：每一圈瘦果的数量依次是1、1、2、3、5、8（每个数是已知的前两个数的和），而且每个种子的旋转角度均为黄金角度137°。这是在一个花盘上排列一千多枚种子最经济科学的方法，这样排列能保证每颗种子大小相同，且不会浪费任何边缘，也不会造成拥挤。这种方法还有利于改良聚光太阳能发电厂反光板的摆放位置，使其聚集太阳光，并反射到能量收集塔的中心，最大化减少损失。

克劳德·迪雷（Claude Duret）的《历史上传奇的植物和草药》（*Histoire admirable des plantes et herbes*，1605）一书中写道："画中的向日葵是一种可以吸收阳光能量的植物。"尼古拉斯·莫纳德斯（Nicolas Monardes）从未到达过新世界，但是他位于塞维利亚的植物园里有很多南美的植物，并且该书是欧洲最早对向日葵进行描述的书籍。

Helianthus giganteus Lin: sp: pl.

开放的向日葵花盘不能跟着太阳转（趋日性），它们只是大部分时间面朝东方，就好像在追逐阳光。但向日葵花中生长最活跃的部分——还未开放的花蕾（长有绿色的苞叶和幼芽）——的确具有趋光性。花苞基部和叶柄的特殊细胞能调节水压，促进定向生长。绿色的部分是植物的动力室，如果它们可以最大限度地吸收太阳能、水分、二氧化碳和必需的营养物质，那么向日葵花的生长将达到最佳状态。向日葵可以直接用于生物质能的生产，但它最大的贡献可能是为太阳能工程师提供灵感。太阳能电池被安装后可以随着太阳移动，这比固定在一处收集太阳能要更加高效。但是移动会消耗能量，工程师设计了一个灵巧的支撑系统，该系统利用太阳能使电池倾斜，解决了能量消耗的问题。该专利有望被批准，向日葵的太阳崇拜或许将重新成为时尚。

一位未知的印度艺术家用聚集的风格创作的向日葵的水彩画，在画中向日葵就像是日面的缩影。有证据表明向日葵具有修复作用，进行水培的向日葵可以净化土壤和水质。

银 杏

Ginkgo biloba

伟大的幸存者

这种来自东方的树叶，来到了我的花园。

让我们品味它秘密的意义和它是如何启发世人的。

——约翰·沃尔夫冈·冯·歌德（Johann Wolfgang von Goethe），1815 年

恩格柏特·坎普法的《海外奇谈》（1712 年）一书中银杏的叶子。坎普法是第一个描述银杏的圈外人，这幅插图也可能出自他手。他在日本长崎旅行时，那里可能还生长着银杏树。

银杏是一个古老的物种，它的祖先可能曾是恐龙的食物，因此，银杏树的历史非常久远。根据化石研究，它独特的叶子——二裂银杏叶（它也因此得名）的历史可以追溯到数百万年前。银杏的繁殖方式和内部结构的很多方面也凸显了它的历史性，是生物进化研究的"活实验室"。

银杏树个体可以活几百年：英国皇家植物园生长着最古老的银杏树，它种植于1762年，当时在位的是乔治三世。中国、韩国、日本的许多银杏更加古老，有的据说已经活了几千年（这些说法可能只是传说），在这三个国家，银杏受到人们的尊重。有的银杏树树龄可能已达1,000多岁。生长在中国南方李家湾的大银杏王大概高达30米（100英尺），树干胸径达5米（16英尺）。许多古老的巨型银杏树生长在朝圣的圣地或遗址。在东方文化中银杏树与长寿有关，银杏的叶子和种子可以入药治疗很多疾病，如记忆力减弱和泌尿问题。银杏果可供食用，银杏叶也可泡茶饮用。

数百万年前，银杏被广泛传播到世界各地，包括北美洲。但是银杏无法适应寒冷的气候，也可能是因为没有动物可以帮银杏树在雌树和雄树间传粉，它便无法存活下来。中国两处人迹罕见的森林里的植物都是原始植物，但是银杏很早以前就受到了人们的崇拜，因此这里的银杏树也有可能是人工种植的。更加肯定的是，银杏树在几个世纪以前就被移植到日本和韩国，它们被种到花园、寺庙以及神社里。传说孔子常坐在银杏树下阅读、冥想和教学。

1691年德国的博物学家恩格柏特·坎普法在日本描述了这种植物，并将其日文名翻译成英文。他被银杏繁殖时的生物特性和雌树果实的腐臭气味所吸引。这种气味（类似呕吐物的气味）十分强烈，因此不产果的雄银杏树在西方更受欢迎。银杏种子和幼树对不同的气候和环境有很强的适应性，甚至可以在被污染的环境中生长。银杏树在纽约、北京和其他的现代城市景观、街道和公园里十分常见。在一千年前左右，银杏处于灭绝的边缘，但目前它

十分安全，这样的逆转是通过人类的努力实现的。

　　到了秋天，银杏叶在掉落之前的几周里变得异常漂亮。银杏已经经历了数百万年的更替变换，这也使它成为伟大的幸存者。最有力的证据就是广岛的六株银杏树。1945年8月6日，原子弹爆炸，两年以后，它们在废墟中长出幼芽。有一株距离原子弹爆炸中心半径不到一公里。

罗伯特·富琴〔Robert Fortune〕在 19 世纪 50 年代最后一次去中国旅行时委托画家画了一系列这样的树，包括银杏。这一系列作品出自一位不知名的水彩画家之手，图中每一棵树下都画有一个人像，画家坚持在每幅画中添加一个人像，否则便不接受画画的任务。

拓展阅读

引 言

Arber, Agnes, *Herbals: Their Origin and Evolution* (Cambridge University Press, Cambridge, 1912; repr. The Lost Library, n.d.)

Beerling, David, *The Emerald Planet: How Plants have Changed Earth's History* (Oxford University Press, Oxford & New York, 2007)

Blunt, Wilfrid, *The Art of Botanical Illustration* (3rd ed., Collins, London, 1955)

Blunt, Wilfrid and S. Raphael, *The Illustrated Herbal* (Frances Lincoln, London, 1994)

Campbell-Culver, Maggie, *The Origin of Plants* (Headline, London, 2001)

Davidson, Alan, *The Oxford Companion to Food* (Oxford University Press, Oxford & New York, 1999)

Fry, Carolyn, *The Plant Hunters* (Andre Deutsch, London, 2012)

Goody, Jack, *The Culture of Flowers* (Cambridge University Press, Cambridge & New York, 1993)

Grove, A. T. and Oliver Rackham, *The Nature of Mediterranean Europe* (Yale University Press, New Haven, 2001)

Hora, Bayard (ed.), *The Oxford Encyclopedia of Trees of the World* (Oxford University Press, Oxford & New York, 1981)

Kingsbury, Noël, *Hybrid: The History and Science of Plant Breeding* (University of Chicago Press, Chicago, 2009)

Kiple, Kenneth F., *A Movable Feast: Two Millennia of Food Globalization* (Cambridge University Press, Cambridge, 2007)

Kiple, Kenneth F. and Kriemhild Conceé Ornelas (eds), *The Cambridge World History of Food*, 2 vols (Cambridge University Press, Cambridge & New York, 2000)

Knapp, Sandra, *Potted Histories: An Artistic Voyage through Plant Exploration* (Scriptum, London and Firefly Books, Buffalo, NY, 2003)

Murphy, Denis J., *People, Genes and Plants: The Story of Crops and Humanity* (Oxford University Press, Oxford & New York, 2007)

Musgrave, Toby, Chris Gardner and Will Musgrave, *The Plant Hunters* (Cassell, London, 1999)

Musgrave, Will and Toby Musgrave, *An Empire of Plants: People and Plants that Changed the World* (Cassell, London, 2000)

Newton, John, *The Roots of Civilization: Plants that Changed the World* (Pier 9, Millers Point, NSW, 2009)

North, Marianne, *A Vision of Eden: The Life and Work of Marianne North* (Holt, Rinehart and Winston, New York, 1980)

Prance, Ghillean and Mark Nesbitt (eds), *The Cultural History of Plants* (Routledge, New York & London, 2005)

Radkau, Joachim, *Wood: A History*, trans. Patrick Camiller (Polity, Cambridge, 2012)

Sherwood, Shirley and Martyn Rix, *Treasures of Botanical Art* (Kew Publishing, London, 2008)

Silvertown, Jonathan, *Demons in Eden: The Paradox of Plant Diversity* (University of Chicago Press, Chicago, 2005)

Toussaint-Samat, Maguelonne, *History of Food*, trans. Anthea Bell (2nd ed., Wiley-Blackwell, Chichester and Malden, MA, 2009)

Walker, Timothy, *Plants: A Very Short Introduction* (Oxford University Press, Oxford & New York, 2012)

改变生活的植物

Albala, Ken, *Beans: A History* (Berg, New York, 2007)

Alexander, Caroline, *The Bounty: The True Story of the Mutiny on the Bounty* (Viking, New York and HarperCollins, London, 2003)

Besnard, G. et al., 'The complex history of the olive tree: from Late Quaternary diversification of Mediterranean lineages to primary domestication in the northern Levant', *Proceedings of the Royal Society B* (2013), 280: 2012–33

Coe, Sophie D., *America's First Cuisines* (University of Texas Press, Austin, 1994)

Cohen Suarez, Amanda and Jeremy James George, *Handbook to Life in the Inca World* (Facts on File, New York, 2011)

Coursey, David, *Yams: an account of the nature, origins, cultivation and utilisation of the useful members of the Dioscoreaceae* (Longmans, London, 1967)

DuBois, C. M., Chee-Beng Tan and S. Mintz (eds), *The World of Soy* (University of Illinois Press, Champaign, 2008)

Fuller, D. Q. and E. L. Harvey, 'The archaeobotany of Indian pulses: identification, processing and evidence for cultivation', *Environmental Archaeology* 11 (2006), 219–46

Fuller, D. Q., 'Pathways to Asian civilisation: tracing the origins and spread of rice and rice cultures', *Rice* 4(3) (2011), 78–92

Kaniewski, David et al., 'Primary domestication and early uses of the emblematic olive tree: palaeobotanical, historical and molecular evidence from the Middle East', *Biological Reviews* 87(4) (2012), 885–99

Kessler, D. and P. Temin, 'The organization of the grain trade in the early Roman Empire', *Economic History Review* 60(2) (2007), 313–32

Lee, Gyoung-Ah et al., 'Archaeological Soybean (*Glycine max*) in East Asia: Does Size Matter?', *PLoS ONE* 6(11) (2011), e26720

Lotito, Silvina B. and Balz Frei, 'Consumption of flavonoid-rich foods and increased plasma antioxidant capacity in humans: cause, consequence, or epiphenomenon?', *Free Radical Biology & Medicine* 41(12) (2006), 1727–46

Loumou, Angeliki and Christina Giourga, 'Olive groves: "The life and identity of the Mediterranean"', *Agriculture and Human Values* 20(1) (2003), 87–95

McGovern, Patrick E., *Ancient Wine: The Search for the Origins of Viniculture* (Princeton University Press, Princeton, 2003)

McGovern, Patrick E., *Uncorking the Past: the Quest for Wine, Beer, and other Alcoholic Beverages* (University of California Press, Berkeley, 2009)

Mann, Charles C., *1491: New Revelations of the Americas Before Columbus* (Vintage, New York, 2006)

Meyer, Rachel S., Ashley E. DuVal and Helen R. Jensen, 'Patterns and processes in crop domestication: an historical review and quantitative analysis of 203 global food crops', *New Phytologist* 196(1) (2012), 29–48

Molina, Jeanmaire et al., 'Molecular evidence for a single evolutionary origin of domesticated rice', *Proceedings of the National Academy of Sciences* 108(20) (2011), 8351–56

Mueller, Tom, *Extra Virginity: The Sublime and Scandalous World of Olive Oil* (W. W. Norton, New York, 2011)

Muller, M. H. et al., 'Inferences from mitochondrial DNA patterns on the domestication history of alfalfa (*Medicago sativa*)', *Molecular Ecology* 12(8) (2003), 2187–89

Myles, Sean et al., 'Genetic structure and domestication history of the grape', *Proceedings of the National Academy of Sciences* 108(9) (2011), 3530–35

Phillips, Rod, *A Short History of Wine* (Allen Lane, London, and Ecco, New York, 2000)

Reader, John, *Propitious Esculent: The Potato in World History* (William Heinemann, London, and Yale University Press, New Haven, 2009)

Salavert, Aurélie, 'Olive cultivation and oil production in Palestine during the early Bronze Age (3500–2000 BC): the case of Tel Yarmouth, Israel', *Vegetation History and Archaeobotany* (2008) 17/Supplement 1, 53–61

Staller, John E., *Maize Cobs and Cultures: History of Zea mays L.* (Springer, New York, 2009)

Various, 'The Origins of Agriculture: New Data, New Ideas', *Current Anthropology* (Wenner-Gren Symposium Supplement 4) Vol. 52 (October) 2011

Various, 'From collecting to cultivation: transitions to a production economy in the Near East', *Vegetation History and Archaeobotany* (special issue), Vol. 21 (2), 2012

Zeven, A. C. and W. A. Brandenburg, 'Use of paintings from the 16th to 19th centuries to study the history of domesticated plants', *Economic Botany* 40(4) (1986), 397–408

Zhang, Gengyun et al., 'Genome sequence of foxtail millet (*Setaria italica*) provides insights into grass evolution and biofuel potential', *Nature Biotechnology* 30 (2012), 549–54

Zohary, Daniel, Maria Hopf and Ehud Weiss, *Domestication of Plants in the Old World* (4th ed., Oxford University Press, Oxford & New York, 2012)

味觉享受

Albala, Ken, *Eating Right in the Renaissance* (University of California Press, Berkeley, 2002)

Block, Eric, *Garlic and Other Alliums* (Royal Society of Chemistry, Cambridge, 2010)

Brown, Pete, *Hops and Glory: One Man's Search for the Beer that Built the British Empire* (Pan, London, 2010)

Cornell, Martyn, *Beer: The Story of the Pint: The History of Britain's Most Popular Drink* (Headline, London, 2003)

Cox, D. N. et al., 'Acceptance of health-promoting Brassica vegetables: the influence of taste perception, information and attitudes', *Public Health Nutrition* 15(8) (2012), 1474–82

Dalby, A., *Dangerous Tastes: The Story of Spices* (British Museum Press, London, and University of California Press, Berkeley, 2000)

Fritsch R. and N. Friesen, 'Evolution, domestication, and taxonomy', in H. D. Rabinowitch and L. Currah (eds) *Allium Crop Science – Recent Advances* (CAB International Publishing, Wallingford, 2012), 5–30

Hornsey, Ian S., *A History of Beer and Brewing* (Royal Society of Chemistry, Cambridge, 2003)

Keay, John, *The Spice Route* (John Murray, London, 2005, and University of California Press, Berkeley, 2006)

Li, Hui-Lin, 'The vegetables of ancient China', *Economic Botany*, 23(3) (1969), 253–60

Livarda, Alexandra, 'Spicing up life in north-western Europe: exotic food plant imports in the Roman and medieval world', *Vegetation History and Archaeobotany*, 20 (2011), 143–64

Milton, Giles, *Nathaniel's Nutmeg: How One Man's Courage Changed the Course of History* (Farrar, Strauss and Giroux, New York, 1999)

Mitchell, S. C., 'Food idiosyncrasies: beetroot and asparagus', *Drug Metabolism and Disposition* 29(4) (2001), 539–43

National Onion Association, *Onions – Phytochemical and Health Properties*, http://onions-usa.org/img/site_specific/uploads/phytochemical_brochure.pdf

Ninomiya, Kumiko, 'Umami: a universal taste', *Food Reviews International* 18(1) (2002), 23–38

Pelchat, M. L. et al., 'Excretion and perception of a characteristic odor in urine after asparagus ingestion: a psychophysical and genetic study', *Chemical Senses* 36(1) (2011), 9–17

Schier, Volker, 'Probing the mystery of the use of saffron in medieval nunneries', *The Senses & Society* 5(1) (2010), 57–72

Yilmaz, Emin, 'The chemistry of fresh tomato flavor', *Turkish Journal of Agriculture and Forestry* 25 (2001), 149–55

Zanoli, Paola and Manuela Zavatti, 'Pharmacognostic and pharmacological profile of *Humulus lupulus* L.', *Journal of Ethnopharmacology* 116(3) (2008), 383–96

治愈与伤害

Baumeister, A. A., M. F. Hawkins and S. M. Uzelac, 'The myth of reserpine-induced depression: role in the historical development of the monoamine hypothesis', *Journal of the Neurosciences* 12(2) (2003), 207–20

Buckingham, John, *Bitter Nemesis: The Intimate History of Strychnine* (CRC Press, Boca Raton, 2007)

Che-Chia, C., 'Origins of a misunderstanding: the Qianlong Emperor's embargo on rhubarb exports to Russia, the scenario and its consequences', *Asian Medicine: Tradition and Modernity* 1(2) (2005), 335–54

Cousins, S. R. and E. T. F. Witkowski, 'African aloe ecology: A review', *Journal of Arid Environments* 85 (2012), 1–17

Davenport-Hines, Richard, *The Pursuit of Oblivion. A Global History of Narcotics, 1500–2000* (Weidenfeld & Nicolson, London, 2001)

Desai, P. N., 'Traditional knowledge and intellectual property protection: past and future', *Science and Public Policy* 34(3) (2007), 185–97

Duffin, J., 'Poisoning the spindle: serendipity and discovery of the anti-tumor properties of the vinca alkaloids', *Canadian Bulletin of Medical History*, 17(1) (2000), 155–92

Foust, C. M., *Rhubarb: The Wondrous Drug* (Princeton University Press, Princeton, 1992)

Hefferon, Kathleen, *Let Thy Food Be Thy Medicine: Plants and Modern Medicine* (Oxford University Press, Oxford & New York, 2012)

Hodge, W. H., 'The drug aloes of commerce, with special reference to the Cape species', *Economic Botany* 7(2) (1953), 99–129

Honigsbaum, Mark, *The Fever Trail: The Hunt for the Cure for Malaria* (Macmillan, London, 2001)

Hsu, Elisabeth, 'The history of *qing hao* in the Chinese *materia medica*', *Transactions of the Royal Society of Tropical Medicine and Hygiene* 100(6) (2006), 505–08

Jay, Mike, *High Society: Mind Altering Drugs in History and Culture* (Thames & Hudson, London, and Park Street Press, Rochester, VT, 2010)

Jeffreys, Diarmuid, *Aspirin: The Remarkable Story of a Wonder Drug* (Bloomsbury, London & New York, 2004)

Laszlo, Pierre, *Citrus: A History* (University of Chicago Press, Chicago, 2007)

Laveaga, Gabriela Soto, 'Uncommon trajectories: steroid hormones, Mexican peasants, and the search for a wild yam', *Studies in History and Philosophy of Biological and Biomedical Sciences* 36(4) (2005), 743–60

Marks, Lara, *Sexual Chemistry: A History of the Contraceptive Pill* (Yale University Press, New Haven & London, 2001)

Maude, Richard J. et al., 'Artemisinin antimalarials: preserving the "Magic Bullet"', *Drug Development Research* 71(1) (2010), 12–19

Miller. Louis H. and Xinzhuan Su, 'Artemisinin: discovery from the Chinese herbal garden', *Cell* 146(6) (2011), 855–58

Neimark, Benjamin, 'Green grabbing at the 'pharm' gate: rosy periwinkle production in southern Madagascar', *The Journal of Peasant Studies* 39(2) (2012), 423–45

Newsholme, Christopher, *Willows: The Genus 'Salix'* (Batsford, London, 2002)

O'Brien, C., et al., 'Physical and chemical characteristics of *Aloe ferox* leaf gel', *South African Journal of Botany* 77 (2011), 988–95

Rocco, Fiammetta, *The Miraculous Fever-Tree: Malaria, Medicine and the Cure that Changed the World* (HarperCollins, London & New York, 2003)

Smith, Gideon F. and Estrela Figueiredo, 'Did the Romans grow succulents in Iberia?', *Cactus and Succulent Journal* 84(1) (2012), 33–40

Sun, Yongshuai et al., 'Rapid radiation of *Rheum* (Polygonaceae) and parallel evolution of morphological traits', *Molecular Phylogenetics and Evolution* 63(1) (2012), 150–58

Wright, C. W. et al., 'Ancient Chinese methods are remarkably effective for the preparation of artemisinin-rich extracts of qing hao with potent antimalarial activity', *Molecules* 15(2) (2010), 804–12

Woodson, Robert E. et al., *Rauwolfia: Botany, Pharmacognosy, Chemistry & Pharmacology* (Little, Brown, Boston, 1957)

科技与力量

Barber, Elizabeth Wayland, *Women's Work: The First 20,000 Years; Women, Cloth, and Society in Early Times* (W.W. Norton, New York, 1995)

Bass, George F., *Beneath the Seven Seas* (Thames & Hudson, London & New York, 2005)

Borougerdi, Bradley J., 'Crossing conventional borders: introducing the legacy of hemp into the Atlantic world', *Traversea* 1 (2011), 5–12

Curry, Anne, *Agincourt: A New History* (Tempus, Stroud, 2010)

Farjon, Aljos, *A Natural History of Conifers* (Timber Press, Portland, 2008)

Friedel, Robert, *A Culture of Improvement: Technology and the Western Millennium* (MIT Press, Cambridge, MA, 2007)

Fu, Yong-Bi et al., 'Locus-specific view of flax domestication history', *Ecology and Evolution* 2(1) (2011), 139–52

Goodman, Jordan and Vivien Walsh, *The Story of Taxol: Nature and Politics in the Pursuit of an Anti-cancer Drug* (Cambridge University Press, Cambridge & New York, 2001)

Green, Harvey, *Wood: Craft, Culture, History* (Viking, New York, 2007)

Hageneder, Fred, *Yew: A History* (Sutton, Stroud, 2011)

Hardy, Robert, *The Longbow: A Social and Military History*, (5th ed., J. H. Haynes and Co., Yeovil, 2012)

Isagi, Y. et al., 'Clonal structure and flowering traits of a bamboo [*Phyllostachys pubescens* (Mazel) Ohwi] stand grown from a simultaneous flowering as revealed by AFLP analysis', *Molecular Ecology* 13(7) (2004), 2017–21

Kelchner, Scot A., 'Higher level phylogenetic relationships within bamboos (Poaceae: Bambusoideae) based on five plastid markers', *Molecular Phylogenetics and Evolution* 67(2) (2013), 404–13

Meiggs, Russell, *Trees and Timber of the Ancient World* (Clarendon Press, Oxford, 1982)

Renvoize, Stephen, 'From fishing poles and ski sticks to vegetables and paper: the bamboo genus *Phyllostachys*', *Curtis's Botanical Magazine* 12(1) (1995), 8–15

Tudge, Colin, *The Secret Lives of Trees* (Allen Lane, London & New York, 2006)

Woolmer, M., *Ancient Phoenicia: An Introduction* (Bristol Classical Press, London, 2011)

Yafa, Stephen, *Cotton: The Biography of a Revolutionary Fiber* (Penguin, London, 2005)

Young, Peter, *Oak* (Reaktion Books, London, 2013)

经济作物

Abbott, Elizabeth, *Sugar: A Bittersweet History* (Duckworth Overlook, London, 2009)

Balfour-Paul, Jenny, *Indigo: Egyptian Mummies to Blue Jeans* (British Museum Press, London, 2011)

Coe, Sophie D. and Michael D. Coe, *The True History of Chocolate* (3rd ed., Thames & Hudson, London & New York, 2013)

Corley, R. H. V and P. B. H. Tinker, *The Oil Palm* (4th ed., Blackwell Science, Oxford and Malden, MA, 2003)

Davies, Peter, *Fyffes and the Banana* (Athlone Press, London, 1990)

Ellis, M., *The Coffee House: A Cultural History* (Weidenfeld & Nicolson, London, 2004)

Goodman, Jordan, *Tobacco in History: The Cultures of Dependence* (Routledge, London & New York, 1994)

Grandin, Greg, *Fordlandia: The Rise and Fall of Henry Ford's Forgotten Jungle City* (Metropolitan Books, New York, 2009, and Icon Books, London, 2010)

Hobhouse, H., *Seeds of Change: Five Plants that Transformed Mankind* (Sidgwick & Jackson, 1985, and Harper & Row, New York, 1986)

Legrand, Catherine, *Indigo: The Colour that Changed the World* (Thames & Hudson, London & New York, 2013)

Loadman, John, *Tears of the Tree: The Story of Rubber – A Modern Marvel* (Oxford University Press, Oxford & New York, 2014)

Mair, Victor H. and Erling Hoh, *The True History of Tea* (Thames & Hudson, London & New York, 2009)

Mann, Charles C., *1493: How Europe's Discovery of the Americas Revolutionized Trade, Ecology and Life on Earth / Uncovering the New World Columbus Created* (Granta, London, and Knopf, New York, 2011)

Moxham, Roy, *Tea: Addiction, Exploitation and Empire* (Constable, London, and Carroll & Graf, New York, 2003)

Pendergrast, Mark, *Uncommon Grounds: The History of Coffee and how it Transformed the World* (Basic Books, New York, 2010)

Tan, K. T. et al., 'Palm oil: Addressing issues and towards sustainable development', *Renewable & Sustainable Energy Reviews* 13(2) (2009), 420–27

观赏植物

Arakaki, Mónica et al., 'Contemporaneous and recent radiations of the world's major succulent plant lineages', *Proceedings of the National Academy of Sciences* 108(20) (2011), 8379–84

Brownsey, Patrick, *New Zealand Ferns and Allied Plants* (2nd ed., David Bateman, Auckland, 2000)

Campbell-Culver, Maggie, *A Passion for Trees: The Legacy of John Evelyn* (Eden Project Books, London, 2006)

Hora, Bayard (ed.), *The Oxford Encyclopedia of Trees of the World* (Oxford University Press, Oxford, 1981)

Johnstone, James A. and Todd E. Dawson, 'Climatic context and ecological implications of summer fog decline in the coast redwood region', *Proceedings of the National Academy of Sciences* 107(10) (2010), 4533–38

Large, M. F. and J. F. Braggins, *Tree Ferns* (Timber Press, Portland, 2004)

McAuliffe, J. R. and T. R. Van Devender, 'A 22,000-year record of vegetation change in the north-central Sonoran Desert', *Palaeogeography, Palaeoclimatology, Palaeoecology* 141(3) (1998), 253–75

Preston, Richard, *The Wild Trees: What if the Last Wilderness is Above our Heads?* (Allen Lane, London, 2007)

Prytherch, David L., 'Selling the eco-entrepreneurial city: natural wonders and urban stratagems in Tucson, Arizona', *Urban Geography* 23(8) (2002), 771–93

Rackham, Oliver, *The Last Forest: The Fascinating Account of Britain's Most Ancient Forest* (Dent, London, 1993)

Thomas, Graham Stuart, *Trees in the Landscape* (Frances Lincoln, London, 2004)

Tuck, Chan Hung et al., 'Mapping mangroves', *Tropical Forest Update* 21(2) (2012), 1–26

Williams, Cameron B. and Stephen C. Sillett, 'Epiphyte communities on redwood (*Sequoia sempervirens*) in northwestern California', *The Bryologist* 110(3) (2007), 420–52

Wolf, B. O. and C. Martinez del Rio, 'How important are columnar cacti as sources of water and nutrients for desert consumers? A review', *Isotopes in Environmental and Health Studies* 39(1) (2003), 53–67

敬畏与崇拜

Allan, Mea, *Darwin and his Flowers: The Key to Natural Selection* (Faber, London, 1977)

Arditti, Joseph et al., '"Good Heavens what insect can suck it" – Charles Darwin, *Angraecum sesquipedale* and *Xanthopan morganii praedicta*', *Botanical Journal of the Linnean Society* 169(3) (2012), 403–32

Avanzini, Alessandra (ed.), *Profumi d'Arabia* (L'Erma di Bretschneider, Rome, 1997)

Berliocchi, Luigi, *The Orchid in Lore and Legend*, trans. Lenore Rosenberg and Anita Weston (Timber Press, Portland, 2000)

Bennett, Matt, 'The pomegranate: marker of cyclical time, seeds of eternity', *International Journal of Humanities and Social Science* 1(19) (2011), 52–59

Bickford, Maggie, *Bones of Jade, Soul of Ice* (Yale University Art Gallery, New Haven, 1985)

Bickford, Maggie, 'Stirring the pot of state: the Southern Song picture book *Mei-Hua Hsi-Shen P'u* and its implications for Yuan scholar-painting', *Asia Major* 3rd series, 6(2) (1993), 169–236

Bickford, M., *Ink Plum: The Making of a Chinese Scholar-Painting Genre* (Cambridge University Press, Cambridge & New York, 1996)

Browning, Frank, *Apples. The Story of the Fruit of Temptation* (Penguin, London, 1998)

Chadwick, A. A. and Arthur E. Chadwick, *The Classic Cattleyas* (Timber Press, Portland, 2006)

Cobb, Matthew Adam, 'The reception and consumption of eastern goods in Roman society', *Greece and Rome* (Second Series) 60(1) (2013), 136–52

Cribb, Phillip and Michael Tibbs, *A Very Victorian Passion: The Orchid Paintings of John Day* (Thames & Hudson, London, 2004)

Dash, Mike, *Tulipomania* (Gollancz, London, and Crown Publishers, New York, 1999)

Ecott, Tim, *Vanilla: Travels in Search of the Ice Cream Orchid* (Grove Press, New York, 2004)

Fay, Michael F. and Mark W. Chase, 'Orchid biology: from Linnaeus via Darwin to the 21st century', *Annals of Botany* 104(3) (2009), 359–64

Fearnley-Whittingstall, Jane, *Peonies: The Imperial Flower* (Weidenfeld & Nicolson, London, 1999)

Fisher, John, *The Origins of Garden Plants* (Constable, London, 1989)

Garber, Peter M., 'Tulipmania', *Journal of Political Economy* 97(3) (1989), 535–60

Griffiths, Mark, *The Lotus Quest: In Search of the Sacred Flower* (Chatto & Windus, London, 2009, and St. Martin's Press, New York, 2010)

Hansen, Eric, *Orchid Fever: A Horticultural Tale of Love, Lust and Lunacy* (Methuen, London, and Pantheon Books, New York, 2000)

Hsü, Ginger Cheng-Chi, 'Incarnations of the Blossoming Plum', *Ars Orientalis* 26 (1996), 23–45

Ji, LiJing et al., 'The genetic diversity of *Paeonia* L.', *Scientia Horticulturae* 43 (2012), 62–74

Johnston, Hope, 'Catherine of Aragon's Pomegranate, revisited', *Transactions of the Cambridge Bibliographical Society* 13(2) (2005), 153–73

Juniper, Barrie E., 'The mysterious origin of the sweet apple: on its way to a grocery counter near you, this delicious fruit traversed continents and mastered coevolution', *American Scientist* 95(1) (2007), 44–51

Juniper, B. E. and D. J. Mabberley, *The Story of the Apple* (Timber Press, Portland, 2006)

Nikiforova, Svetlana V. et al., 'Phylogenetic analysis of 47 chloroplast genomes clarifies the contribution of wild species to the domesticated apple maternal line', *Molecular Biology and Evolution* 30(8) (2013), 1751–60

Papandreou, Vasiliki et al., 'Volatiles with antimicrobial activity from the roots of Greek *Paeonia* taxa', *Journal of Ethnopharmacology* 81(1) (2002), 101–04

Pavord, Anna, *The Tulip* (Bloomsbury, London, 2004)

Potter, Jennifer, *The Rose* (Atlantic Books, London, 2012)

Ramírez, Santiago R. et al., 'Dating the origin of the Orchidaceae from a fossil orchid with its pollinator', *Nature* 448 (2007), 1042–45

Robinson, Benedict S., 'Green seraglios: tulips, turbans, and the global market', *Journal for Early Modern Cultural Studies* 9(1) (2009), 93–122

Sanders, Rosanne and Harry Baker, *The Apple Book* (Frances Lincoln, London, 2010)

Sanford, Martin, *The Orchids of Suffolk: An Atlas and History* (Suffolk Naturalists' Society, 1991)

Shen-Miller, J., 'Sacred Lotus, the long-living fruits of China Antique', *Seed Science Research* 12 (2002), 131–43

Shephard, Sue, *Seeds of Fortune: A Gardening Dynasty* (Bloomsbury, London, 2003)

Tengberg, M., 'Beginnings and early history of date palm garden cultivation in the Middle East', *Journal of Arid Environments* 86 (2012), 139–47

Terral, Jean Frédéric et al., 'Insights into the historical biogeography of the date palm (*Phoenix dactylifera* L.) using geometric morphometry of modern and ancient seeds', *Journal of Biogeography* 39(5) (2012), 929–41

Thompson, Earl A., 'The tulipmania: fact or artifact?', *Public Choice* 130(1) (2007), 99–114

Ward, Cheryl, 'Pomegranates in eastern Mediterranean contexts during the Late Bronze Age', *World Archaeology* 34(3) (2003), 529–41

Widrlechner, Mark P., 'History and utilization of *Rosa damascena*', *Economic Botany* 35(1) (1981), 42–58

大自然的奇迹

Barthlott, Wilhelm et al., *The Curious World of Carnivorous Plants* (Timber Press, Portland, 2008)

Baum, David A. et al., 'Biogeography and floral evolution of baobabs (*Adansonia*, Bombacaceae) as inferred from multiple data sets', *Systematic Biology* 47(2) (1998), 181–207

Blackman, Benjamin K. et al., 'Sunflower domestication alleles support single domestication center in eastern North America', *Proceedings of the National Academy of Sciences* 108(34) (2011), 14,360–65

Colquhoun, Kate, *A Thing in Disguise: The Visionary Life of Joseph Paxton* (Harper Perennial, London, 2009)

Crane, Peter, *Ginkgo* (Yale University Press, New Haven & London, 2013)

Davis, Charles C. et al., 'The evolution of floral gigantism', *Current Opinion in Plant Biology* 11(1) (2008), 49–57

Dilcher, David L. et al., 'Welwitschiaceae from the Lower Cretaceous of northeastern Brazil', *American Journal of Botany* 92(8) (2005), 1294–310

Ervik, F. and Jette T. Knudsen, 'Water lilies and scarabs: faithful partners for 100 million years?', *Biological Journal of the Linnean Society* (2003), 539–43

Gandolfa, M. A., et al., 'Cretaceous flowers of Nymphaeaceae and implications for complex insect entrapment pollination mechanisms in early Angiosperms', *Proceedings of the National Academy of Sciences* 101(21) (2004), 8056–60

Henschel, Joh R. and Mary K. Seely, 'Long-term growth patterns of *Welwitschia mirabilis*, a long-lived plant of the Namib Desert', *Plant Ecology* 150 (2000), 7–26

Hepper, F. Nigel, *Pharaoh's Flowers: The Botanical Treasures of Tutankhamun* (HMSO, London, 1990)

Holway, Tatiana, *The Flower of Empire: The Amazon's Largest Water Lily, the Quest to make it Bloom, and the World It Helped Create* (Oxford University Press, Oxford & New York, 2013)

Huxley, Anthony, *Green Inheritance: Saving the Plants of the World* (University of California Press, Berkeley, 2005)

Jaarsveld, Ernst van and Uschi Pond, *Uncrowned Monarch of Namib (Kronenlose Herrscherin der Namib: Welwitschia mirabilis*), (Penrock Publishers, Cape Town, 2013)

Li, C. et al, 'Direct sun-driven artificial heliotropism for solar energy harvesting based on photo-thermomechanical liquid crystal elastomer nanocomposite', *Advanced Functional Materials* 22(24) (2012), 5166–74

Lloyd, Francis, *The Carnivorous Plants* (Dover Publications, New York, 1976)

Pakenham, Thomas, *The Remarkable Baobab* (Weidenfeld & Nicolson, London, 2004)

Seymour, Roger S. and Philip G. D. Matthews, 'The role of thermogenesis in the pollination biology of the Amazon waterlily *Victoria amazonica*', *Annals of Botany* 98(6) (2006), 1129–35

Smith, Bruce D., 'The cultural context of plant domestication in eastern North America', *Current Anthropology* 52 S4 (2011), 471–84

Swinscow, T. D. V., 'Friedrich Welwitsch, 1806–72, a centennial memoir', *Biological Journal of the Linnean Society* 4(4) (1972), 269–89

Wickens, G. E., *The Baobab: Africa's Upside-Down Tree*, (Royal Botanic Gardens, Kew, University of Chicago Press, Chicago, 1982)

引用来源

p. 28 Nina V. Fedoroff, 'Prehistoric GM corn', *Science*, 302 (2003), 1158–59; p. 34 W. H. McNeill, 'How the potato changed the world's history', *Social Research*, 66(1) (1999), 67–83; p. 41 Lindsey Williams, *Neo Soul* (Penguin, New York, 2006), quoted in Ken Albala, *Beans: A History* (Berg, New York, 2007), 125; p. 44 Alfred Russel Wallace, *The Malay Archipelago* (Macmillan & Co., London, 1869), 233; p. 45 Pliny, *Natural History*, 18.43, trans. J. Bostock and H. T. Riley (Bohn, London, 1856); p. 49 Columella, *De Re Rustica*, V, 8; p. 52 Diogenes Laertius, *Lives of Eminent Philosophers*, 1.8, Anacharsis, ed. R. D. Hicks (Harvard University Press, Cambridge, MA, 1925); p. 58 John Gerard, *Herball* (London, 1636), 152; p. 61 John Milton, Paradise Lost II, 639–40; p. 73 Lewis Carroll, *Through the Looking-Glass and What Alice Found There* (Macmillan & Co., London, 1872), 75; p. 76 Pliny, *Natural History*, 19.42, trans. J. Bostock and H. T. Riley (Bohn, London, 1856); p. 78 John Gerard, *Herball* (London, 1636), 884; p. 80 Elizabeth David, *An Omelette and a Glass of Wine* (Penguin, London, 1984); p. 85 George Young, *A Treatise on Opium: Founded Upon Practical Observations* (London, 1753), 77; p. 89 Thomas Sydenham, *On Epidemics (Epistolae responsoriae) (Letters & Replies)*; p. 92 Jurg A. Schneider, in Robert Woodson, Jr., et al., *Rauwolfia: Botany, Pharmacognosy, Chemistry, & Pharmacology* (Little, Brown, Boston, 1955); p. 98 J. D. Hooker, *Illustrations of Himalayan Plants* (Lovell Reeve, London, 1855), Plate XIX; p. 103 quoted in Pierre Laszlo, *Citrus, A History* (University of Chicago Press, Chicago, 2007), 7; p. 108 Margaret Sanger, 'A Parents' Problem or a Woman's?', *The Birth Control Review* (1919), 6; p. 110 Philip Miller, *The Gardener's Dictionary* (London, 1768); p. 125 David Christy, *Cotton is king: or, The culture of cotton, and its relation to agriculture, manufactures and commerce* (Moore, Wilstach, Keys & Co., Cincinnati, 1855); p. 128 Peter Osbeck, *A Voyage to China and the East Indies* (London, 1771), 270; p. 130 Thomas Sheraton, *The Cabinet Dictionary*, 1803; p. 134 Lu Tung, quoted in Roy Moxham, *Tea: Addiction, Exploitation and Empire* (Constable, London, and Carroll & Graf, New York, 2003), 56; p. 138 Jonathan Swift, letter, quoted in Mark Pendergrast, *Uncommon Grounds: The History of Coffee and how it Transformed the World* (Basic Books, New York, 2010), 3; p. 154 *Hymns of the Atharva Veda*, Ralph T. H. Griffith (Luzac and Co., London, 1895); p. 151 King James I of England, *A Counter-blaste to tobacco*, 1604; p. 154 Elijah Bemiss, *The Dyer's Companion* (Evert Duycckinck, New York, 1815), 105; p. 156 quoted in Charles C. Mann, *1493: How Europe's Discovery of the Americas Revolutionized Trade, Ecology and Life on Earth / Uncovering the New World Columbus Created* (Granta, London, and Knopf, New York, 2011), 308; p. 160 Pliny, *Natural History*, 12.12, trans. J. Bostock and H. T. Riley (Bohn, London, 1856); p. 166 Henry David Thoreau, *The Maine Woods* (Tickner and Fields, Boston, 1864), 231; p. 168 John Steinbeck, *Travels with Charley: In Search of America* (Viking Books, New York, 1962); p. 174 Marion Sinclair, 'Kookaburra'; p. 176 J. D. Hooker, letter to Sir William Hooker, 1849, in L. Huxley, *Life and Letters of Sir Joseph Dalton Hooker* (John Murray, London, 1918), I, 256; p. 178 William Dampier, *A New Voyage Round the World*, Vol. 1 (London, 1697), 54; p. 183 D. T. Suzuki, *Mysticism: Christian and Buddhist* (Harper and Brothers, New York, 1957), 121; p. 188 Virgil, *Georgics*, II, trans. H.R. Fairclough (Harvard University Press, Cambridge MA, 1999); p. 198 quoted in Jennifer Potter, *The Rose* (Atlantic Books, London, 2012), 246; p. 202 quoted in Mike Dash, *Tulipomania* (Gollancz, London, and Crown Publishers, New York, 1999), 87; p. 216 Michel Adanson, *A Voyage to Senegal* (London, 1759), 96; p. 218 J. D. Hooker letter to T. H. Huxley, in L. Huxley, *Life and Letters of Sir Joseph Dalton Hooker* (John Murray, London, 1918), II, 25; p. 219 W. P. Hiern, *Catalogue of the African plants collected by Dr. Friedrich Welwitsch in 1853–61* (British Museum, London, 1896), I, xiii; p. 222 Alfred Russel Wallace, *The Malay Archipelago* (Macmillan & Co., London, 1869), 91; p. 226 John Gerard, *Herball* (London, 1636), 751; p. 228 J. W. von Goethe, 'Ginkgo biloba', 1815, from Sigfried Unseld, *Goethe and the Ginkgo: A Tree and a Poem*, trans. Kenneth J. Northcott (University of Chicago Press, Chicago & London, 2003).

图片来源

All images are © Trustees of the Royal Botanic Gardens, Kew, unless otherwise stated.

CLA&A = Collection of the Library, Art & Archives – © Trustees of the Royal Botanic Gardens, Kew.

Half-title: CLA&A; Frontispiece: CLA&A; Title-page: K000844466 Herbarium Kew; 4a A. H. Church, *Food-grains of India* (1886), fig. 16; 4b E. Benary, *Album Benary* (1876), I, Tab. I; 5al detail, see p. 83; 5ar detail, see p. 102; 5b detail, see p. 111; 6al detail, see p. 147; 6ar detail, see p. 131; 6bl detail, see p. 140; 6br detail, see p. 179; 7a CLA&A; 7bl detail, see p. 189; 7br John Day Scrapbooks, CLA&A; 9 Roxburgh Collection, CLA&A; 10r & l CLA&A; 11 H. van Reede tot Drakestein, *Hortus Malabaricus* (1678) Pars. I, Tab. 37; 12a J.-J. Grandville, *Les fleurs animées* (1847) vol. I; 12b P.-J. Buc'hoz, *Collection precieuse et enluminée des fleurs* (1776), vol. 2, pl. XII; 13 Roxburgh Collection, CLA&A; 14, 15l CLA&A; 15r A. Targioni Tozzetti, *Raccolta di fiori frutti ed agrumi* (1825), Pl. 22; 16 J. Rea, *A Complete Florilege* (1665), frontispiece; 17 E. Benary, *Album Benary* (1879), VI, Tab. XXIII; 18l J. Metzger, *Europaeische Cerealien* (1824), Tab. VI; 18r Vilmorin-Andrieux et cie, *Les meilleurs blés* (1880), p. 135; 19, 20 CLA&A; 23 J. J. Plenck, *Icones Plantarum Medicinalium* (1794) Centuria VI, Tab. 557; 24 CLA&A; 25l J. Metzger, *Europaeische Cerealien* (1824), Tab. XIX; 25r CLA&A; 26 A. H. Church, *Food-grains of India* (1886), fig. 28; 28 A. F. Frézier, *A voyage to the South-sea, and along the coasts of Chili and Peru* (1717), pl. 10; 29 F. G. Hayne, *Getreue Darstellung und Beschreibung der in der Arzneykunde gebräuchlichen Gewächse* (1830), Vol. 11, pl. 45; 30l J. J. Plenck, *Icones Plantarum Medicinalium* (1803), Centuria VII, Tab. 694; 30r E. Benary, *Album Benary* (1876), IV, Tab. XV; 31 CLA&A; 33 K000478459 Herbarium Kew; 35 CLA&A; 36 N. F. Regnault, *La Botanique* (1774), Tome I, pl. 33; 37 W. G. Mortimer, *Peru: History of Coca* (1901), p. 196; 38 M. E. Descourtilz, *Flore pittoresque et médicale des Antilles* (1829) Tome VIII, pl. 545; 39 *Curtis's Botanical Magazine* (1838–39), vol. 65 (new ser., v. 12), Tab. 3641; 40 CLA&A; 42 H. van Reede tot Drakestein, *Hortus Malabaricus* (1688) Pars. 8, Tab. 41; 43 CLA&A; 44 J. J. Plenck, *Icones Plantarum Medicinalium* (1803), Centuria VII, Tab. 656; 45 H. van Reede tot Drakestein, *Hortus Malabaricus* (1692) Pars. 11, Tab. 22; 46 P. de' Crescenzi, *De omnibus agriculturae partibus* (1548) Liber II, p. 43; 47l W. Harte, *Essays on Husbandry* (1770, 2nd ed.) pl. V; 47r J. Metzger, *Europaeische Cerealien* (1824), Tab. XII; 48 CLA&A; 51 P. d'Aygalliers *L'olivier et l'huile d'olive* (1900), p. 257; 52 P. de' Crescenzi, *De omnibus agriculturae partibus* (1548) Liber IIII, p. 117; 53 P.-J. Redouté, *Choix des plus belles fleurs* (1827–33), pl. 24; 55 J. P. de Tournefort, *A Voyage into the Levant* (1741), p. 396; 56 E. Benary, *Album Benary* (1879), VI, Tab. XXIV; 57l CLA&A; 57r N. F. Regnault, *La Botanique* (1774), Tome 2, pl. 91; 58 Economic Botany Collection, Kew, EBC 78362; 59 F. E. Köhler, *Köhler's Medizinal-Pflanzen* (1887), Band II, Tab. 164; 60, 61 CLA&A; 62, 63 G. T. Burnett, *Medical Botany* (1835 new ed.), Vol. II, Pl. 104 and Pl. 95; 64 H. van Reede tot Drakestein, *Hortus Malabaricus* (1688) Pars. 7, Tab. 12; 65a Economic Botany Collection, Kew, EBC 78869; 65b Marianne North, 119. *Foliage, Flowers and Fruit of the Nutmeg Tree, and Humming Bird, Jamaica;* 66 CLA&A; 67 E. Benary, *Album Benary* (1877), V, Tab. XVII; 69 E. Benary, *Album Benary* (1879), VI, Tab. XXII; 70l&r J. J. Plenck, *Icones Plantarum Medicinalium,* (1789), Centuria III, Tab. 253 and Tab. 254; 72 E. Benary, *Album Benary* (1879), VI, Tab. XXI; 73 CLA&A; 74 E. Benary, *Album Benary* (1876), I, Tab. I; 75l K000914166 Herbarium Kew; 75r Agricultural Society of Japan, *The Useful Plants of Japan* (1895), Chap. XIV, No. 308; 76 J. Gerard, *Herball* (1633), Lib. 2, Chap. 457, p. 1110; 77 E. Blackwell, *A curious herbal* (1739), Vol. II, pl. 332; 79 J. J. Plenck, *Icones Plantarum Medicinalium* (1812), Centuria VIII, fasc. 2, Tab. 707; 80 *Curtis's Botanical Magazine* (1828), vol. 55 (new ser., v. 2), Tab. 2814; 81 E. Benary, *Album Benary* (1879), VI, Tab. XXIV; 82 Economic Botany Collection, Kew, EBC 41265; 83l Roxburgh Collection, CLA&A; 83r G. W. Knorr, *Thesaurus rei herbariæ hortensisque universalis* (1770), Tome 1, Pars. 2, Tab. A14; 84 CLA&A; 85 J.-J. Grandville, *Les fleurs animées* (1847) vol. I; 86 'Poppy Seed Head', © Brigid Edwards, part of the Shirley Sherwood Collection; 87 J. Stephenson, *Medical Botany* (1834–36), Vol. 3, pl. 159; 88 J. J. Plenck, *Icones Plantarum Medicinalium* (1789), Centuria II, Tab. 131; 89 Economic Botany Collection, Kew, EBC 52445; 91 Tanaka Yoshio & Ono Motoyoshi, *Somoku-Dzusetsu; or, an iconography of plants indigenous to, cultivated in, or introduced into Nippon (Japan)* (1874), no. 26; 92 CLA&A; 93 H. van Reede tot Drakestein, *Hortus Malabaricus* (1686) Pars. 6, Tab. 47; 94 W. G. Mortimer, *Peru: History of Coca* (1901), p. 89; 95 K000700870 Herbarium Kew; 96 J. J. Plenck, *Icones Plantarum Medicinalium* (1789), Centuria II, Tab. 117; 97 Economic Botany Collection, Kew, EBC 49120; 98 A. Kircher, *China Illustrata* (1667), p. 184; 99 CLA&A; 101 J. J. Plenck, *Icones Plantarum Medicinalium* (1812), Centuria VIII, Tab. 701; 102 Roxburgh Collection, CLA&A; 104l J. C. Volkamer, *Nürnbergische Hesperides* (1708–14), Vol. I, p. 164 a; 104r T. Moore, *The Florist and Pomologist* (1877), f. p. 205; 106 L. Fuchs, *De Historia Stirpium* (1551) Cap XLIX, p. 143; 107 *Curtis's Botanical Magazine* (1818), vol. 45, Tab. 1975; 109 M. Scheidweiler, *L'Horticulteur Belge* (1837), No. 76; 111 P.-J. Redouté, *Choix des plus belles fleurs* (1827–33), pl. 41; 112 Roxburgh Collection, CLA&A; 113l CLA&A; 113r P. Sonnerat, *Voyage aux Indes orientales et à la Chine* (1782), Tome. 1, pl. 26; 114 CLA&A; 115 F. Antoine, *Die Coniferen* (1841) Vol. V, Tab. XXIII; 116 F. A. Michaux, *The North American Sylva* (1865), Vol. I, Pl. 2; 117 CLA&A; 118 T. Nuttall, *The North American Sylva* (1865), Vol. IV, ii; 119 British Library Public Domain Image, Harley 4425, f. 22, http://molcat1.bl.uk/IllImages/BLCD/mid/c133/c13324-62.jpg; 121 N. F. Regnault, *La Botanique* (1774) Tome I, Pl. 79; 123 J. J. Plenck, *Icones Plantarum Medicinalium* (1812) Centuria VIII, Tab. 706; 124 Roxburgh Collection, CLA&A; 126 Economic Botany Collection, Kew, EBC 73588; 127 Roxburgh Collection, CLA&A; 128 Economic Botany Collection, Kew, EBC 67854; 129 E. M. Satow, *The Cultivation of Bamboos in Japan* (1899); 130 Economic Botany Collection, Kew, EBC 73892; 131 F. G. Hayne, *Getreue Darstellung und Beschreibung der in der Arzneykunde gebräuchlichen Gewächse* (1805), Vol. 1, pl. 19; 132 CLA&A; 133l J. Cowell, *The Curious and Profitable Gardener* (1730), foldout plate; 133r CLA&A; 134 Economic Botany Collection, Kew, EBC 66450; 135 CLA&A; 136l J. C. Volkamer, *Nürnbergische Hesperides* (1708–14), Vol. II, p. 145; 136r S. Ball, *An Account of the Cultivation and Manufacture of Tea in China* (1848), Frontispiece; 137 CLA&A; 138 P. S. Dufour, *Traitez nouveaux & curieux du café, du thé et du chocolate* (1688), p. 15; 139 F. G. Hayne, *Getreue Darstellung und Beschreibung der in der Arzneykunde gebräuchlichen Gewächse* (1825), Vol. 9, Pl. 32; 140 CLA&A; 141 F. Thurber, *Coffee: from Plantation to Cup* (1881); 142 CLA&A; 143 Economic Botany Collection, Kew, EBC 40591; 145 A. H. Church, *Food-grains of India* (1886), fig. 14; 147 B. Hoola van Nooten, *Fleurs Fruits et Feuillages choisis de la flore et de la pomone de l'île de Java* (1863); 148 Economic Botany Collection, Kew, EBC 56321; 150 J. J. Plenck, *Icones Plantarum Medicinalium* (1788) Centuria I, Tab. 99; 151 P. Sonnerat, *Voyage aux Indes orientales et à la Chine* (1782), vol. 1, pl. 8; 153 B. Stella, *Il Tabacco Opera* (1669), p. 204; 154 J. G. Stedman, *Narrative of a five years' expedition against the revolted Negroes of Surinam* (2nd ed., 1806), Vol. II; 155 N. F. Regnault, *La Botanique* (177), Tome I, Pl. 47; 157 F. E. Köhler, *Köhler's Medizinal-Pflanzen* (1887), Band III, pl. 8; 158 Economic Botany Collection, Kew, EBC 44097; 160 L. Colla, *Memoria sul Genere Musa e Monografia de Medesimo* (1820), end plate; 161 B. Hoola van Nooten, *Fleurs Fruits et Feuillages choisis de la flore et de la pomone de l'île de Java* (1863); 163 F. E. Köhler, *Köhler's Medizinal-Pflanzen* (1887), Band III, pl. 77; 164 CLA&A; 165l *Curtis's Botanical Magazine* (1859), vol. 85 (ser. 3, v. 15), Tab. 5146; 165r Marianne North, 563. *A Mangrove Swamp in Sarawak, Borneo;* 167 G. T. Burnett, *Medical Botany* (1835) Vol. II, Pl. LXXV (2); 169 Marianne North, 173. *Under the Redwood Trees at Goerneville, California;* 170 Marianne North, 185. *Vegetation of the Desert of Arizona;* 171 *Curtis's Botanical Magazine* (1892), vol. 118 (ser. 3, v. 4), Tab. 7222; 173 *Voyage de la corvette L'astrolabe exécuté pendant les années 1826–1829* (1833) Atlas, Pl. 10; 174 CLA&A; 175 Conrad Loddiges & Sons, *The Botanical Cabinet* (1821), Vol. 6 Tab. 501; 177l J. D. Hooker, *Himalayan Journals* (1854), Vol. II, Pl. VII (Frontispiece); 177r J. D. Hooker, *The Rhododendrons of Sikkim-Himalaya* (1849), Tab. 1; 179 J. J. Plenck, *Icones Plantarum Medicinalium* (1789) Centuria II, Tab. 359; 180 CLA&A; 181l J. J. Plenck, *Icones Plantarum Medicinalium* (1789) Centuria II, Tab. 376; 181r A. Targioni Tozzetti, *Raccolta di fiori frutti ed agrumi* (1825), Pl. 5; 182 CLA&A; 183 A. Kircher, *China Illustrata* (1667), p. 140; 184 Economic Botany Collection, Kew, EBC 41216; 185 R. Duppa, *Illustrations of the Lotus of the Ancients, and Tamara of India* (1816); 186 E. Kaempfer, *Amoenitatum Exoticarum* (1712), Fasc. IV, p. 747; 187 J. J. Plenck, *Icones Plantarum Medicinalium* (1812), Centuria VIII, Tab. 726; 188 E. Kaempfer *Amoenitatum Exoticarum* (1712), Fasc. III, p. 641; 189 F. E. Köhler, *Köhler's Medizinal-Pflanzen* (1890), Band II, Tab. 175; 190 A. Poiteau, *Pomologie française* (1846), Tome II, Grenadier Pl. 1; 191 Maria Sibylla Merian, *Metamorphosis insectorum Surinamensium* (1705), Pl. 9; 192 J. H. Knoop, *Pomologie, ou Description des meilleures sortes de pommes et de poires* (1771), Tab. V; 193 M. Bussato, *Giardino di agricoltura* (1592), Cap. 30; 195 J. J. Plenck, *Icones Plantarum Medicinalium* (1791), Centuria IV, Tab. 394; 196 Agricultural Society of Japan, *The Useful Plants of Japan* (1895), Chap. IX, No. 179; 197 CLA&A; 198 J. Gerard, *Herball* (1633), Lib. 3, p. 1261; 199 P.-J. Redouté, *Les Roses,* (1817), Vol. 1, Pl. 107; 200l CLA&A; 200r K000844514 Herbarium Kew; 202 K000844460 Herbarium Kew; 203 *Tulipa greigii* 1973, © Estate of Mary Grierson; p. 204 Robert Thornton's *Temple of Flora, or Garden of Nature* (1799–1807), Pl. 10; 206 E. Kaempfer *Amoenitatum Exoticarum* (1712), Fasc. V, p. 844; 207 CLA&A; 208 John Day Scrapbooks, volume 44, p. 13; 209 CLA&A; 210 F. Bauer, *Illustrations of Orchidaceous Plants* (1830–38) Part 2, Tab. 11; 212 P.-J. Redouté, *Choix des plus belles fleurs* (1827–33), Pl. 22; 213, 214 CLA&A; 215l Roxburgh Collection, CLA&A; 215r *Curtis's Botanical Magazine* (1863), vol. 89 (ser. 3, v. 19), Tab. 5369; 216 *Curtis's Botanical Magazine* (1828), vol. 55 (new ser., v. 2), Tab. 2791; 217 Thomas Baines Collection, Royal Botanic Gardens, Kew; 219 *Curtis's Botanical Magazine* (1863), vol. 89 (ser. 3, v. 19), Tab. 5368; 221 *Curtis's Botanical Magazine* (1847), vol. 73 (ser. 3, v. 3), Tab. 4276; 223 *Curtis's Botanical Magazine* (1828), vol. 55 (new ser., v. 2), Tab. 2798; 224, 225 CLA&A; 226 C. Duret, *Histoire admirable des plantes et herbes esmerueillables & miraculeuses en nature* (1605), p. 253; 227 CLA&A; 228 E. Kaempfer, *Amoenitatum Exoticarum* (1712), Fasc. V, p. 811; 229 CLA&A.

致　谢

感谢 Thames & Hudson 出版社的编辑克林·瑞德（Colin Ridler）和英国皇家植物园出版社负责人吉娜·弗勒拉弗（Gina Fullerlove），感谢你们一同分享我们激动的心情，并帮助我们推进该书的出版。英国皇家植物园拥有优秀的人力资源和有关植物最精妙绝伦的艺术与文学收藏。朱丽叶·巴克利（Julia Buckley）来自英国皇家植物园图书、艺术与档案馆插画小组，她坚称这本书是所有人合作的结晶，她耐心、热情、持续的帮助使该书变得更加珍贵。感谢雪莉·舍伍德教授（Shirley Sherwood）、布里吉德·爱德华兹及已故的玛丽·格里尔森（Mary Grierson），感谢他们提供图片的使用权。

所有英国皇家植物园图书馆的工作人员耐心处理了我们提出的大量要求，并为我们提供了高效、便捷与专业的服务。伦敦大学学院和萨福克郡图书馆也为该书的出版提供了大量帮助。英国皇家植物园经济植物收藏馆馆长马克·内斯比特（Mark Nesbitt）是一个博学多才的学者，他通读该书，并提供了许多辛辣的评论，让我们受益匪浅。此外，克里斯丁·比尔德（Christine Beard）、安娜·崔西·布拉西（Anna Trias Blasi）、洛娜·卡希尔（Lorna Cahill）、保罗·立特尔（Paul Little）、特丽莎·龙（Trishya Long、巴巴拉·洛瑞（Barbara Lowry）、克里斯托弗·米尔斯（Christopher Mills）、琳恩·帕克（Lynn Parker）、马泰恩·瑞克斯（Martyn Rix）、吉瑞·罗斯—琼斯（Kiri Ross–Jones）、乔治娜·史密斯（Georgina Smith）、玛丽亚·龙佐娃（Maria Vorontsova）、保罗·威尔金（Paul Wilkin）、莉迪亚·怀特（Lydia White）也为我们提供了帮助。多里安· Q. 富勒（Dorian Q. Fuller）与米歇尔· D. 寇依（Michael D. Coe）为该书的某些章节提供了宝贵的建议。Lin Zhang 帮助我们解决了书中中文诗歌翻译方面的问题。如若书中存在任何问题，我们将承担所有责任。

妮基·梅得丽库娃（Niki Medlikova）和劳伦·尼卡迪（Lauren Necati,

Thames & Hudson 出版社）的设计才能在该书中体现得淋漓尽致，同时，我们也要感谢萨拉·弗农·亨特（Sarah Vernon–Hunt）和雷切尔·海莉（Rachel Heley）。

安迪·斯库尔（Andy Scull）和南希·斯库尔（Nancy Scull）在圣地亚哥拥有一座令人叹为观止的花园，此外，他们还带我们参观了穆尔森林。萨拉·杜伊格南(Sarah Duignan)为我们指出了许多尖锐的问题，这些问题得到了艾玛·凯利（Emma Kelly）的解决。感谢大家！

扉页：睡莲（*Nymphaeum candida*）

卷头插画：喜马拉雅大黄（*Rheum australe*）

章名页：压制后的郁金香标本（*Tulipa armena var. lycica*）

第 4 页：上图为高粱穗（*Sorghum bicolor*），下图为卷心菜（*Brassica oleracea*）

第 5 页：左上图为马钱子（*Strychnos nux-vomica*），右上图为青柠（*Citrus aurantifolia*），下图为长春花（*Catharanthus roseus*）

第 6 页：左上图为可可（*Theobroma cacao*），右上图为桃花心木（*Swietenia mahagoni*），左下图为咖啡树叶（*Coffea arabica*），右下图为红树（*Rhizophora mangle*）

第 7 页：上图为兰花（*Vanda bicolor Griff.*），中间为乳香木（*Boswellia sacra*），右下图为兰花（*Odontoglossum triumphans*）

献给 Jonathan 与 Julie
"对植物的爱"

图书在版编目（CIP）数据

植物发现之旅 / （英）海伦·拜纳姆 (Helen Bynum)，
（英）威廉姆·拜纳姆 (William Bynum) 著；戴琪译
. -- 北京：中国摄影出版社，2016.11
书名原文：Remarkable Plants That Shape Our
World

    ISBN 978-7-5179-0543-1

    Ⅰ．①植… Ⅱ．①海… ②威… ③戴… Ⅲ．①植物—
介绍—世界 Ⅳ．① Q948.5
    中国版本图书馆 CIP 数据核字（2016）第 256685 号

北京市版权局著作权合同登记章图字：01-2016-6631 号
Published by arrangement with Thames & Hudson, London,
Remarkable Plants That Shape Our World Text and layout © 2014 Thames & Hudson Ltd,London
Illustrations © 2014 the Board of Trustees of the Royal Botanic Gardens, Kew, unless otherwise stated
This edition first published in China in 2017 by China Photographic Publishing House,
Beijing
Chinese edition © 2017 China Photographic Publishing House

植物发现之旅
作   者：［英］海伦·拜纳姆 & 威廉姆·拜纳姆 著
译   者：戴 琪
出 品 人：赵迎新
策划编辑：张 韵
责任编辑：丁 雪
装帧设计：胡佳南
出   版：中国摄影出版社
          地址：北京市东城区东四十二条 48 号   邮编：100007
          发行部：010-65136125   65280977
          网址：www.cpph.com
          邮箱：distribution@cpph.com
印   刷：中华商务联合印刷（广东）有限公司
开   本：16 开
印   张：15
版   次：2017 年 1 月第 1 版
印   次：2017 年 1 月第 1 次印刷
ISBN 978-7-5179-0543-1
定   价：128.00 元